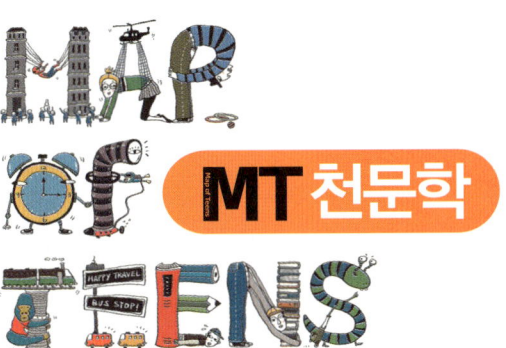

MT 천문학

MT
Map of Teens
천문학

부산대학교 안홍배 교수 지음

청어람 장서가

시리즈를 발간하며

대학입시에 대한 관심이 우리나라처럼 높은 곳도 없을 것이다. 하지만 대학에 대한 많은 관심에도 불구하고, 막상 대학에 가서 무엇을 배우는지에 대해서는 학생과 학부모 모두 구체적으로 모르고 있는 것 같다. 이는 대학교육의 실질적 내용보다는 대학졸업장 취득여부에만 큰 관심을 기울이는 세태의 반영일 수도 있지만, '대학 가는 것'을 인생의 중요한 목표로 삼고 있는 중·고등학생들에게 대학의 교육내용을 쉽고 친절하게 설명해 주는 자료가 없었기 때문일 것이다.

〈나의 미래 공부〉시리즈 Map of Teens는 중·고등학생들의 후회 없는 선택과 성공적인 공부를 위해 기획되었다. 자신의 삶을 크게 테두리 지을 대학의 각 분야별 공부가 구체적으로 어떤 것인지 스스로 읽고 판단하는 데 도움이 될 것이다. 이것이 내가 정말로 하고 싶은 것인지, 잘 할 수 있을 것인지를 스스로 또는 부모님, 선생님과 함께 고민하고 결정할 수 있게 만들어 줄 것이다. 아직 자신의 적성을 모른다면, 이 시리즈에 포함된 다양한 공부의 길들을 비교해보면서 역으로 자신의 흥미와 열정을 발견할 수도 있을 것이다.

대학의 다양한 학문들이 무엇을 배우고 연구하는지를 아는 것은 단지 '나의 선택'만을 위해 중요한 것은 아니다. 사회의 다른 구성원들이 무엇을 공부하는지 아는 것도 매우 중요한 일이다. 사회의 범위가 지구촌으로 확대되고 있는 지금, 나의 이웃들이 무엇에 관심을 가지고 공부하고 있는가를 아는 것은 우리 모두의 공동 번영을 위해 필수적일 수밖에 없다. 이런 경향을 반영하듯 각 학문들은 서로의 분야를 넘나들며 융합되고 있고, 대학에서 한 가지 전공만을 공부한다는 것은 이제 지난날의 일이 되었다. 사회에서 요구하는 인재상도 멀티플전공으로 바뀌고 있다. 우리가 자신만의 전문성을 가지되 다양하고 폭넓은 공부를 해야 되는 이유가 여기에 있다.

〈나의 미래 공부〉시리즈 Map of Teens는 이러한 시대적 요청에 충실하면서도, 수많은 학문들의 내용을 자세히 들여다 볼 시간이 없는 독자들을 위해 각 분야의 핵심을 한눈에 알아볼 수 있도록 요약하려고 노력하였다. 여기에는 각 해당 분야 전공자들의 많은 노력이 숨어 있다. 오랜 시간 축적돼온 각 학문의 내용들과 새롭게 추가되는 연구 성과들을 가능하면 우리 실생활과 연관시켜 쉽고 재미있게 설명하기 위해 고심한 필자들의 노고에 감사드린다. 이 시리즈가 중·고등학생들이 미래를 찾아가는 학문 여행에 꼭 필요한 지도가 되길 바라며, '나만의 미래 공부'를 찾아 여행을 떠나보자.

2008년 5월
시리즈 기획위

국문학 | 영문학 | 중문학 | 일문학 |
문헌정보학 | 문화학 | 종교학 | 철학 |
역사학 | 문예창작학

Map of Teens

여행을 떠나기 전
학과 지도를 펼쳐보자

세상은 넓고 학과는 많다.
학과에 대한 호기심과 나에 대해 알아보려는 의지만 있으면 여행 준비 끝!
자, 이제부터 나의 미래를 찾기 위해 힘차게 떠나보자!
놀라운 학과 세계와 지적 모험이 여러분을 기다리고 있을 것이다.

심리학 | 언론홍보학 | 정치외교학 | 사회학 | 행정학 | 사회복지학 | 부동산학 |
경영학 | 경제학 | 관광학 | 무역학 | 법학 | 행정학

예체능계열

영화학 | 음악학 | 디자인학 | 사진학 |
무용학 | 조형학 | 공예학 | 체육학

교육계열

교육학 | 교육공학 | 유아교육학 | 특수교
육학 | 초등교육학 | 언어교육학 | 사회교육
학 | 공학교육학 | 예체능교육학

공학계열

생명공학 | 기계공학 | 전기
공학 | 컴퓨터공학 | 신소재
공학 | 항공우주공학 | 건축
학 | 조경학 | 토목공학 | 제
어계측학 | 자동차학 | 안경
광학 | 에너지공학 | 환경공
학 | 화학공학

의약계열

의학 | 한의학 | 약학 | 수의학 | 치의학 | 간
호학 | 보건학 | 재활학

물리학 | 화학 | 천문학 | 수학 | 통계학 | 식품
영양학 | 의류학 | 지리학 | 생명과학 | 환경과
학 | 원예학

자연계열

자신이 좋아하는 일에
별을 던지자

천문학, 말만 들어도 가슴이 설레지 않는가! 하늘을 탐구하는 학문이라
니. 천문학에서 다루는 것이 우리 가슴속 깊은 곳에서 잠자는 경외감의
원천이며 끝없는 호기심의 대상인데 어찌 가슴이 설레지 않을 수 있을까.
캄캄한 밤에 인적이 없는 산이나 들에서 하늘을 올려다 본 사람이라면 누
구나 영롱하게 빛나는 별들의 아름다움에 감탄하고 어두움 속에서 밀려
오는 알 수 없는 신비에 경외감을 느낀 적이 있을 것이다. 천문학은 바로
이러한 별들의 세계를 탐구하는 학문으로 그 역사가 자연과학 중 가장 오
래되었다.

요즈음 학생들은 너무 불쌍하다. 그래서 이 책을 쓰기로 했다. 공부하지
말라고. 부모님이 들으시면 이런 엉터리 말이 어디 있냐고 펄쩍 뛸지 모
르겠지만 학생들이 공부 좀 그만 했으면 좋겠다. 적어도 대부분의 학생들
이 하는 엉터리 공부 말이다.

무엇을 어떻게 공부하는 것이 옳은지 한 번이라도 진지하게 고민을 해보
고 하는 공부라면 왜 말리겠는가. 그렇지 않기 때문에 말리는 것이다. 중

학생은 중학생대로 고등학생은 고등학생대로 자기 인생의 주인이 되기 위해 해야 할 공부가 많이 있는데 모두 한 가지에만 몰두한다.

이 책은 자신의 삶을 주도적으로 살기를 원하는 학생들을 위한 책이다. 어릴 때부터 부모의 지나친 보호와 지시에 익숙해져 매사에 수동적이었던 학생들에게는 주도적 삶이란 것 자체가 낯설겠지만 내가 하고 싶은 것과 내가 잘 할 수 있는 것을 찾아 길을 떠나려는 학생들을 위해 천문학을 통해 여러분의 미래를 안내하려는 것이다.

대학에서 천문학을 전공하려는 학생들은 이 책을 통해 천문학을 미리 만나볼 수 있지만, 다른 학문을 택하려는 학생들도 읽을거리가 많을 것이다. 무엇을 전공하든 우주 시대를 살아야 하는 사람으로서 천문학의 세계를 살짝 엿보는 것도, 학문의 길이 어떤지를 미리 맛보는 것도 미래를 설계하는 학생들에게는 도움이 될 것이다.

전공 선택을 위해 고려할 요소가 많이 있지만 무엇보다 중요한 것은 자신이 좋아해야 한다는 것이다. 밤하늘의 별을 보며 호기심과 상상의 나래를 펴는 학생이라면 천문학을 택하는 데 주저하지 말아야 한다.

천문학은 별을 보는 것으로 시작하는 학문이다. 따라서 천문학을 전공하게 되면 별을 볼 기회가 무수히 많다. 그러나 별을 보는 것으로 끝나면 취미 활동에 머물고 만다. 천문학자는 천체를 관측하고 관측된 현상을 해석하여 우주의 비밀을 풀어야 하기 때문이다. 자, 천문학이 궁금한 사람은 나와 같이 여행을 떠나보자. 저 넓은 우주로!

2008년 5월

저자 안홍배

CONTENTS

PART 04
미리 체험해 보는 천문학과 원정기

PART 05
우주 시대를 열어가는 천문학의 무한도전!

PART 06
안 교수님의 학문 이야기 … 224

My Dream

나만의 나침반을
찾아라!

1. 미래설계 테스트에 대한 안내서

우리가 인생에서 성공하는 비결은 의외로 간단하다. 누구나 할 수 있는 일인데 대부분의 사람은 이를 실천하지 못한다. 이것이 무엇일까? 바로 자기가 하고 싶은 일을 하는 것이다.

그런데 가장 큰 문제는 내가 무엇을 좋아하는지를 모르는 경우다. 어쩌면 많은 사람들이 여기에 해당될지 모르겠다. 만일 내가 무엇을 좋아하는지를 안다면 인생을 설계하기 위한 방향을 정할 수 있다. 그러니 가장 중요한 것은 내가 무엇을 좋아하는지를 빨리 찾는 일이고, 또 내가 그것을 할 수 있는 소양이 있는지를 스스로 검증해 보는 것이다.

공부하는 것이 즐거운 학생은 내가 좋아하는 것을 찾기만 하면 그 다음에는 큰 어려움이 없다. 문제는 공부하는 것이 싫은 학생들은 인생을 어떻게 설계해야 하는가이다. 이에 대해 난 좀 독특한 해법을 갖고 있다. 이 장은 이러한 학생들을 위해 쓴 것이다. 그러니 공부하는 것이 좋고 더구나 천문학이 어떤 것인지가 궁금한 학생이라면 바로 다음 장으로 넘어가서 천문학 여행을 떠나면 된다.

난 이렇게 권하고 싶다. 공부하기 싫은 사람은 공부를 하지 말고, 무엇이든 하고 싶은 것을 하라고 말이다. 당연히 공부를 하지 않고 할 수 있는 일을 골라야 한다. 그렇다고 대학을 포기할 필요는 없다. 원한다면 대학을 가되, 가더라도 놀 목적으로 가면 된다. '공부를 많이 하기는 싫지만 직업 교육 정도라면 받을 용의가 있다' 라고 생각하는 사람은 전문대학을 가는 것이 좋다. 무엇이든 2년 정도만 배워 취직을 하면 머리 덜 쓰고도 즐거운 직장 생활을 할 수 있다. 자, 나에게 맞는 미래설계방법은 무엇일까? 진지하게 고민해보자.

나만의 나침반을
찾아라!

2. 유형별로 알아보는 미래설계방법

공부가 재밌다

공부가 제일 좋다

하고 싶은 것은 있다

D타입

하고 싶은 것이 있다

재능도 있다

그래도 대학은 가야 한다고 생각한다

재능이 있다고 생각한다

우선 자신이 하고 싶은 것을 찾아야 한다!

대학공부를 필요로 하는 직업이다

좀더 분발하자!

A타입

C타입

노력하면 된다! C타입 참조

B타입

꿈을 향해 출발!

······▶ Yes

······▶ No

A 타입 공부는 하기 싫지만 대학은 가야 하는 학생

직업 중에는 굳이 전문적인 기술이 필요 없는 경우도 많이 있다. 전문적인 지식보다는 다양한 경험과 폭넓은 사고가 더 빛을 발하는 직업들이 있다. 소위 세일즈라 불리는 판매 영업은 전문적인 지식보다는 고객을 감동시키고 설득시킬 수 있는 능력을 필요로 한다. 이러한 능력을 위해서는 대학에서 전공 지식을 배우기 위해 시간을 보내기보다 여행이나 봉사 활동을 하며 직접 경험을 쌓거나, 소설이나 영화를 보며 다양한 간접 경험을 쌓는 것이 더 좋을 것이다.

문제는 우리 사회가 너무 학력을 중시한다는 것이다. 때문에 공부는 하고 싶지 않은데 대학은 가야만 하는 상황이다. 이럴 경우에 어떻게 하는 것이 좋을까? 난 이렇게 권하고 싶다. 할 수 있는 만큼만 공부하고 공부한 만큼 갈 수 있는 대학을 가라고 말이다. 그리고 대학에 가서는 우선 많이 놀아라. 관심도 없고 나중에 가질 직업에서 별 쓸모없는 전공 공부 열심히 하지 말고 좋아하는 것을 열심히 하면서 대학을 다니라고 말이다. 여행도 많이 하고, 동아리 활동도 열심히 하고, 친구들도 많이 사귀면서 대학 생활을 알차게 보내라. 즉 놀기 위해 대학에 가라는 말이다.

대학 생활을 하는 나이는 가장 정열적으로 살 수 있는 나이이다. 그런 만큼 정말 신나게 보내야 할 것이다. 배낭여행도 다니고, 아름다운 우리 산하를 마음껏 느끼며 뜨겁게 사는 것이 대학 생활을 제대로 보내는 것이 될 것이다. 이렇게 하기 위해선 가급적이면 전공 공부에 시달리지 않을 수 있는 대학과 학과를 가는 것이 좋을 것이다.

물론 전문 지식이 요구되지 않는 직업을 가질 학생들이 대학에 진학하고 나중에 가질 직업과 무관한 일에 4년이란 시간을 보내는 것이 국가적으로는 크게 낭비임이 분명하다. 그러나 이것은 학생들의 잘못이 아니다. 사회를 학력 사회로 만들어 직업과 무관하게 학생들이 어쩔 수 없이 대학에 들어가게 만든 기성세대의 잘못이다. 따라서 기성세대가 사회를 바꾸지 못하는 한 이 부담은 학생들이 아닌 사회가 져야 한다. 학생들이 할 수 있는 선택은 달리 없다. 그저 대학에 가서 신나게 노는 것 외에는 말이다. 다만 한 가지만 더 생각하자. 우리가 사회의 주역이 되면 학력에 목을 매지 않아도 되는 좀 더 건강한 사회를 만들 것이라고.

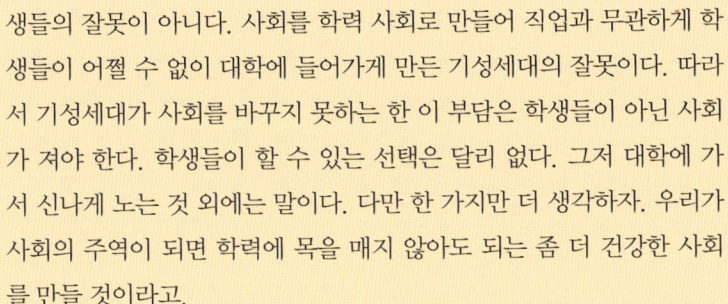

 공부는 싫지만 조금은 노력할 수 있는 학생

미래는 걱정되는데 공부를 오랫동안 하기는 싫다면 어떻게 해야 할까? 전문대학을 가자. 상당수의 직업은 고등학교 졸업 후 2년 정도의 교육 과정을 더 필요로 하는데 이를 위한 것이 바로 전문대학이다. 그러나 이때 중요한 것은 내가 정말 하고 싶은 것을 선택해야 한다는 것이다. 확신이 없으면 공부가 하기 싫은 무리에 끼어 대학을 놀며 다니거나,

더욱 열심히 공부하여 취업에 유리한 대학에 가도록 하자.

전문대학 교육이 필요한 직업은 대부분 폭넓은 전공 지식보다는 제한된 전공 지식과 숙련된 기술을 필요로 하는 것들로 사회를 지탱하는 가장 중요한 직업군이라 할 수 있다. 누구나 인정하는 선진국인 독일의 국력이 잘 구성된 교육제도, 특히 전문학교를 중심으로 이루어진 교육제도에서 나온다는 데에 이견을 달 사람은 별로 없다. 우리나라도 다양한 직업 전문학교가 필요하고, 학생들도 주위의 눈치를 보지 않고 갈 수 있어야 한다.

평준화가 이루어지기 전에는 중학교 때부터 요리나 자동차 수리 같은 전문 기술을 배우고 싶어하는 아이들이 많았다. 이런 아이들은 졸업 후 요리 전문학교를 찾거나 자동차 정비 전문학교를 찾았다. 하지만 평준화가 된 이후에는 이러한 아이들의 비율이 줄어들었다. 전처럼 아이들이 스스로 자신의 꿈을 찾아갈 수 있게 해주는 사회 분위기가 조성되면 좋겠다. 진정으로 우리가 건강한 사회를 원한다면 말이다.

 자신이 원하는 직업을 위해 공부하고자 하는 학생

자신이 원하는 직업이 고도의 전문 지식과 함께 창의성을 요구하는 경우가 있다. 예를 들면 의사나 변호사, 교수와 같은 직업이다. 그러나 이러한 직업은 누구나 쉽게 가질 수 있는 직업은 아니다.

 나만의 나침반을
찾아라!

전문적인 지식이 필요한 직업을 갖고자
하는 경우, 이런 지식을 어느 대학에서 배우
는 것이 내가 원하는 직업을 가지는 데 유
리한지를 살펴야 한다. 그러나 무엇보다도
먼저 해야 할 일은 정말 내가 무엇을 좋아하는지와 내가 좋아하
는 것을 잘 할 수 있는지를 빨리 그리고 정확하게 판단하는 것이다.
무엇보다 중요한 것은 자신이 좋아하지 않는 일을 직업으로 선택하지
말라는 것이다. 그렇게 해서는 결코 성공할 수 없기 때문이다. 그렇다
면 좋아는 하는데 그것을 잘 할 수 있을지 없을지 판단할 수 없을 때는
어떻게 해야 할까? 난 이렇게 말하고 싶다. 좋아하는 일을 택하면 적어
도 후회는 하지 않는다고 말이다. 물론 택한 직업의 성취 정도는 적성
과 재능에 따라 다르겠지만 성취도가 기대에 미치지 못하더라도 하기
싫은 일을 하는 것보다는 나을 것이기 때문이다. 그렇다면 직업 선택이
나 진로 선택에 대한 답은 이미 나와 있다. 내가 관심이 있고 하고 싶은
일 중에서 그것을 하는 데 필요한 재능이 있다고 생각하는 분야를 택하
는 것이다.

그런데 이것이 말처럼 쉽지가 않다. 아니, 안타깝게도 많은 경우에 이
것이 대단히 어렵다. 쉬울 것 같은 이 일이 학생들에게 왜 어렵게 느껴
질까? 교육, 특히 가정에서 이루어지는 교육이 잘못되었기 때문이다.
우리 부모님들의 교육열은 세계 최고 수준이다. 그런데 문제는 부모님
들의 의식 수준이 최고가 아니라는 점이다.

부모의 역할은 아이가 넘어지지 않게 옆에서 잡아주는 것이 아니다. 아이가 넘어지는 것을 가슴 졸이며 지켜보고 스스로 일어나는 법을 어떻게 배워나가는지를 지켜보는 것이다. 편하고 쉬운 길을 가르쳐 주어 앞서 나갈 수 있게 하는 것이 아니라, 스스로 길을 찾기 위해 방황하는 모습을 울타리가 되어 지켜보는 것이다.

언젠가 TV에서 몇몇 학생과 부모님을 인터뷰하여 교육 현장의 문제점을 고발하는 프로그램을 본 적이 있다. 기타연주자가 꿈인 한 아이가 많은 시간을 기타를 치며 보냈는데 어머니가 아이가 기타를 치는 것을 극구 말려 부모와 아이의 사이가 멀어진 이야기였다. 어머니가 아이가 기타 치는 것을 말린 이유는 기타연주자가 되지 못하면 밤무대 같은 곳밖에는 일할 곳이 없다는 생각에 아이의 장래가 걱정되었기 때문이다. 어머니의 걱정도 일리가 있으나, 무엇이든 성공하지 못하면 밑바닥 생활을 해야 하기는 마찬가지이다. 그래도 자기가 좋아하고 재능이 있는 분야를 해야 성공할 수 있는 확률이 높은 것이니 무작정 반대하며 공부나 열심히 하여 대학에 가라고 강요하지 말자. 부모가 해야 할 일은 아이가 이 일을 하고 싶어 하는 것이 단순히 호기심 때문인지 아니면 이 분야가 적성에 맞고 재능이 있다고 생각해서 그러는지를 따져본 후 진로를 권하는 것이다. 자, 다시 내가 좋아하는 것이 무엇인지 아는 문제로 돌아가자. 그렇다면 어떻게 해야 내가 무엇을 좋아하는지 스스로 판단할 수 있을까? 이에 대한 답은 의외로 간단하다. 경험을 많이 하는 것이다. 직접 경험을 할 수 있다면 가장 좋겠지만 그렇지 못하다면 간접 경험을 많이 하는 것도 좋다. 박물관이나 미술전람회, 음악회 등을 다니고, 학생과학관이나 시민 천문대 등을 다니며 직접 경험을 쌓는 것이 무엇보다 소중하다.

간접 경험을 많이 하기 위해서는 부모님의 적극적인 배려가 있어야 한다. 아주 어릴 때에는 부모님이 동화책을 많이 읽어주는 것이 좋으며, 아이가 책을 읽을 수 있게 되면 무엇이든 많이 읽게 하는 것이 좋다. 특히, 상상력을 키우기에는 만화보다 더 좋은 것이 없다. 내가 지금 천문학자가 되어 있는 것도 어릴 때 읽은 만능선을 타고 다니며 모험을 하는 소년 소녀를 다룬 만화 덕분이라면 좀 과장된 얘기일까.

자신의 적성에 맞는 전공 분야가 정해졌다면 이제 다음으로 고려해야 할 것은 무엇일까? 이 분야를 전공하기 위해 필요한 관련 책을 보면서 흥미를 키워나가고, 이 분야에서 우뚝 서기 위해 필요한 공부를 하는 것이다. 문학을 하고 싶으면 소설책을 폭넓게 읽는다든가 물리학자가 되려면 수학을 남달리 깊이 있게 공부하는 등의 노력을 통해 먼 앞날을 대비할 수 있기 때문이다.

전공 분야가 정해졌다면 이 분야를 어디에서 누구에게 배울지, 학부를 졸업한 후 진로는 어떻게 할 것인지를 고려한 후, 이를 위해 준비해야 할 것이다. 내가 정말 하고 싶은 것이 있는데 국내에는 그 전공을 배울 학교가 없다면 외국의 대학으로 유학을 가는 방법도 있을 것이다. 반면 우리나라의 모든 대학에 이 전공 분야에 해당하는 학과가 있다면 어느 대학을 가는 것이 최선인지를 알아보아야 한다.

직업과 직접적인 관련이 있는 학과를 택했다면 전공과목의 중요성은 말할 필요도 없겠지만 교양과목도 무시할 수 없다. 특히 직업을 위해 최선이 아닌 차선의 학과를 택했다면 교양과목 등을 들으며 지적 욕구를 채울 수 있기 때문이다. 따라서 자기가 가고 싶은 대학 또는 자기가 갈 수 있는 대학들의 전공과목뿐 아니라, 교양과목이 어떻게 구성되어 있는지를 미리 아는 것도 대학 선택에 많은 도움이 될 것이다.

대학 생활에서 동아리 활동도 빼놓을 수 없다. 가고자 하는 대학에 어떤 동아리가 있으며, 이들이 어떤 활동을 하는지를 아는 것도 대학 선택에 도움이 된다. 대학 생활에서 누릴 수 있는 낭만의 대부분이 동아리 활동과 관련이 있을 뿐 아니라 경쟁자가 아닌 협력자이자 동반자인 친구를 많이 사귈 수 있기 때문이다.

대학 졸업 후 일차적인 목적이 직업을 구하는 것이라면 취업률을 살펴보는 것도 중요하다. 취업률이 높다는 것은 그 대학의 무언가가 다른 대학보다 나았기 때문이라고 할 수 있다. 단순히 일류 대학인 것이 이유일 수도 있지만, 취업률을 자세히 살펴보면 어떤 분야에 어느 대학이 강세를 보이는지 알 수 있다.

누구나 인정하는 최고의 대학이 항상 최고의 인재를 길러내는 것은 아니다. 대학에 들어갈 때는 평균적으로 더 많은 재능을 가진 학생들이 입학할 수는 있지만 대학의 역할은 우수한 학생을 받아 훌륭한 사회의 일꾼으로 키우는 것에 그치는 것이 아니라 수학 능력이 있는 학생이라면 누

나만의 나침반을
찾아라!

구나 훌륭한 사회의 일꾼이 될 수 있도록 키우는 것이다. 최근 대학 자체의 이름만 보고 학과를 선택하는 일이 점점 없어지고 있다. 사회도 이러한 추세가 더욱 확산될 수 있도록 노력해야 한다.

D 타입 공부가 좋은 학생

이 경우는 앞의 C타입의 연장선상이라고 볼 수 있다. 자신이 좋아하는 것이 바로 '공부'가 되는 경우이다. 공부가 좋다면 가장 좋은 직업은 교수이다. 그러나 교수가 되려면 이것만은 꼭 각오해야 된다. 10년 정도만 공부하면 끝나는 것이 아니라 평생을 즐겁게 공부할 수 있어야 한다. 한 가지 더. 공부는 좋으나 돈에도 욕심이 생긴다면? 그러면 꿈을 접어라. 선비는 원래 청빈낙도라 하지 않았는가.

공부를 좋아한다고 모두 교수가 될 필요는 없다. 의사도 될 수 있고 교사도 될 수 있다. 특히 의사로서 성공하려면 의사가 된 후에도 공부를 열심히 해야 한다. 그래야 돌팔이가 되지 않을 수 있다. 의술도 다른 자연과학과 마찬가지로 하루가 다르게 발전하고 있다. 대학이나 대학원 과정에서 배운 것만으로 평생 진료를 하려 한다면 곧 돌팔이가 되고 말 것이다. 생명을 다루는 데 최선을 다하기 위해서는 끊임없이 공부해야 한다.

대학원에 진학하여 계속 공부를 하려면 대학도 중요하지만 내가 가장 관심이 있는 분야에 어떤 교수님이 있는지 살피는 것도 매우 중요한 일이다. 학부 때부터 최고의 교수님에게 수업을 듣는다면 학문의 연마를 위한 든든한 기초를 쌓을 수 있고, 바람직한 학자의 삶이란 어떤 것이지 엿볼 수 있는 기회를 가질 수 있다. 이런 점에서 비록 학문에 입문하는 대학의 학부 과정이라 하더라도 훌륭한 교수를 만나는 것은 매우 중요하다.

그러나 학문은 보기보다 쉽지가 않다. 어느 학문 분야이든지 학문의 세계에선 끊임없는 자기 혁신과 깊은 통찰 그리고 창의적인 생각이 필요하다. 물론 학자에 따라서는 다른 사람들이 이뤄낸 일들을 잘 이해하여 이를 후세에 전하는 역할에 충실한 것으로 소임을 다했다고 생각할 수도 있다. 그러나 이것은 학자가 해야 하는 한 면에 불과하다. 미지의 현상들을 밝히는 연구를 하는 것이 학자의 더욱 중요한 역할이다.

어떤 분야든 학문을 직업으로 삼으려는 학생이라면 훌륭한 교수가 있는 학과와 대학을 선택의 가장 중요한 기준으로 삼아야 하지만 그렇지 않은 경우에는 교수의 학문적 우수성에 그다지 민감할 필요는 없다. 학문적 업적은 그다지 뛰어나지 않지만 강의를 열심히 하고, 학생들에 대한 애정이 남다른 교수님에게 배우고 인연을 맺는 것은 매우 좋은 일이다.

나만의 나침반을
찾아라!

부모님을 위한 생각통 '스스로 자라는 아이들'

시골의 좋은 집안에서 태어나 어머니의 지극한 사랑 아래 유복한 학창시절을 보낸 덕분에 서울대학교에 들어간 사람이 있다. 그는 졸업 후 대학원에 들어갔지만 석사 과정만 끝내고 전공 관련 회사에 취직하여 몇 년을 보내다가 어느 전문대학의 행정을 맡게 되었다고 한다. 하지만 시간이 지날수록 자신의 일에 회의가 들었고 친구들과 자신을 비교하게 되면서 공부를 계속하지 않은 것이 후회되었다고 한다.

어느 후배가 나에게 들려준 이야기다. 무엇이 잘못된 것일까? 필요한 시기에 방황을 하지 않은 것이 문제였다. 큰 부족함 없이 자랐고, 모든 것을 어머니가 시키는 대로 하여 방황 한 번 하지 않고 대학원까지 가게 되었다. 하지만 대학원에 들어갈 때도 특별한 계획이 없었고, 그저 친구들이 대학원에 진학하니 별 생각 없이 대학원에 진학한 것이었다. 그러고는 석사 과정을 마치고 국내 굴지의 회사로부터 입사를 권유받아 곧바로 취직을 했다고 한다. 말하자면 태어나서 취직할 때까지 부모님의 보호와 지도 아래 별 어려움 없이 지내는 바람에 자신의 삶을 진지하게 돌아볼 기회를 갖지 않았던 것이다.

그러다가 가정을 꾸려나가야 할 때야 비로소 진지하게 자신의 삶을 생각하게 되었다. 생각해 보니 공부를 하는 것이 자기가 가장 잘 할 수 있는 일이며 학자의 길을 가는 것이 자기에게 가장 맞는 일이라는 것이다. 그러나 가정에 대한 책임감 때문에 모든 것을 원점에서 시작하기에는 너무 늦어버렸다. 그래서 생각하니 방황은 일찍 할수록 좋고 부모님의 관심과 지도가 자아의 성장에 바람직하지만은 않다는 것이다. 만일 자기가 어머니의 보호와 지시를

따르지 않고 어릴 때부터 결정을 스스로 해왔으면, 분명 많은 방황을 겪었을 것이고, 어쩌면 서울대학교에 들어가지 못했을 수도 있었겠지만 설혹 그렇다 하더라도 이렇게 늦게 방황하는 것보다는 훨씬 나았을 것이란다.

난 이 후배의 말 덕분에 우리 아이가 방황할 때 가만히 지켜볼 수 있었다. 중학교 때 소위 사춘기였는데, 공부는 하지 않고 옷차림 등에 더 신경을 쓰고 다녀 계속 지켜보기만 해야 할지 아니면 야단을 치고 공부를 좀 하라고 해야 할지 고민을 하고 있을 때였다. 아내는 워낙 모범생으로 학교생활을 했기 때문에 아이의 행동을 못마땅해 했으나 공부하라는 말을 하고 싶지 않아서 꾸지람을 하거나 잔소리를 하지는 않았다. 이러던 차에 후배의 얘기를 듣고 나는 아이의 방황을 그저 지켜보기로 했다. 우리 아이는 기대를 저버리지 않고 고등학교에 들어와서는 열심히 공부를 하였고 지금은 자신이 원하는 방식의 삶을 멋지게 살고 있다.

이런 말이 있다. 아이는 키우는 것이 아니라 스스로 자라는 것이라고. 부모의 역할은 자라는 아이를 가만히 지켜보는 것이다. 많은 부모님들이 말도 안 되는 소리라고 할지도 모르겠다. 그러나 결코 그렇지 않다. 아이는 키우는 대상이 아니라 태어날 때부터 온전히 타고난 독립된 인격체이다. 다만 커가는 과정에서 잘못된 것을 보고 자라면서 완전한 품성이 망가지고 더럽혀지는 것이다. 내 말에 동의하지 않는 부모님들이라도, 즉 아이를 키워야 한다고 생각하는 부모님들이라도 아이를 제대로 키우기 위해서 부모님이 해야 할 역할은 달라지지 않는다.

그럼 어떻게 하라는 말인가? 아이는 모든 것을 모방

나만의 나침반을 찾아라!

하며 배운다. 아이들이 말을 배우는 과정은 부모님들이 잘 이해하면서도 아이의 사고나 심성이 어떻게 자라는 것인지는 왜 이해하지 못할까? 아이들은 모든 것을 주위에서 일어나는 현상으로부터 배운다. 이것이 가정교육이 중요한 이유이다. 아이들 앞에서 부모가 싸우는 모습을 보이는 것이 좋지 않다는 것은 누구나 알고 있다. 싸우는 모습을 아이에게 보이는 것이 부끄러워서가 아니라 아이에게 부모가 싸움을 가르치는 것이 되기 때문이다.

즉, 부모가 '이렇게 해라, 저렇게 해라' 하고 시키는 것이 아니라, 몸소 실천하여 아이가 본받게 해야 한다. 예를 들어보자. 부모가 늘 TV를 켜놓고 살면서 아이에게는 TV를 보지 말라는 것이 통하겠는가. 불만만 쌓일 뿐 결코 마음으로 승복하여 TV보는 것을 자제하지는 않는다. 엄마나 아빠가 TV를 적당히 보고, 아이에게도 적당히 볼 수 있는 시간을 할애해 주는 것이 오히려 TV를 덜 보게 할 것이며, TV를 보지 않을 때는 공부에 집중할 수 있게 할 것이다.

결국 가정교육은 부모의 행동으로 이루어지는 것이지 부모의 말에 따라 이루어지는 것이 아님을 학부모님들이 알아야 한다. 이것을 이해한다면 아이들은 키워야 하는 대상이 아니라 스스로 커가는 존재임을 이해할 수 있을 것이다. 스스로 커가는 아이에게 줄 수 있는 자양분은 부모의 지시가 아니라 실천이다. 아이의 심성이나 사고, 언어, 행동 양상 등 모든 것은 커가면서 보고 배우는 부모의 행동에 달려있음을 명심하자. 아이를 부모의 의지대로 키우기 위해 지시하고 간섭만 한다면 아이의 자아는 자랄 수 없다. 나이가 들어서도 모든 것을 혼자의 힘으로 할 수 없는 마마보이나 바보로 만들게 되는 것이다. 자, 우리 아이를 바보로 만들 것인가 독립된 인격체로 만들 것인가. 그 선택은 바로 부모에게 달려 있다.

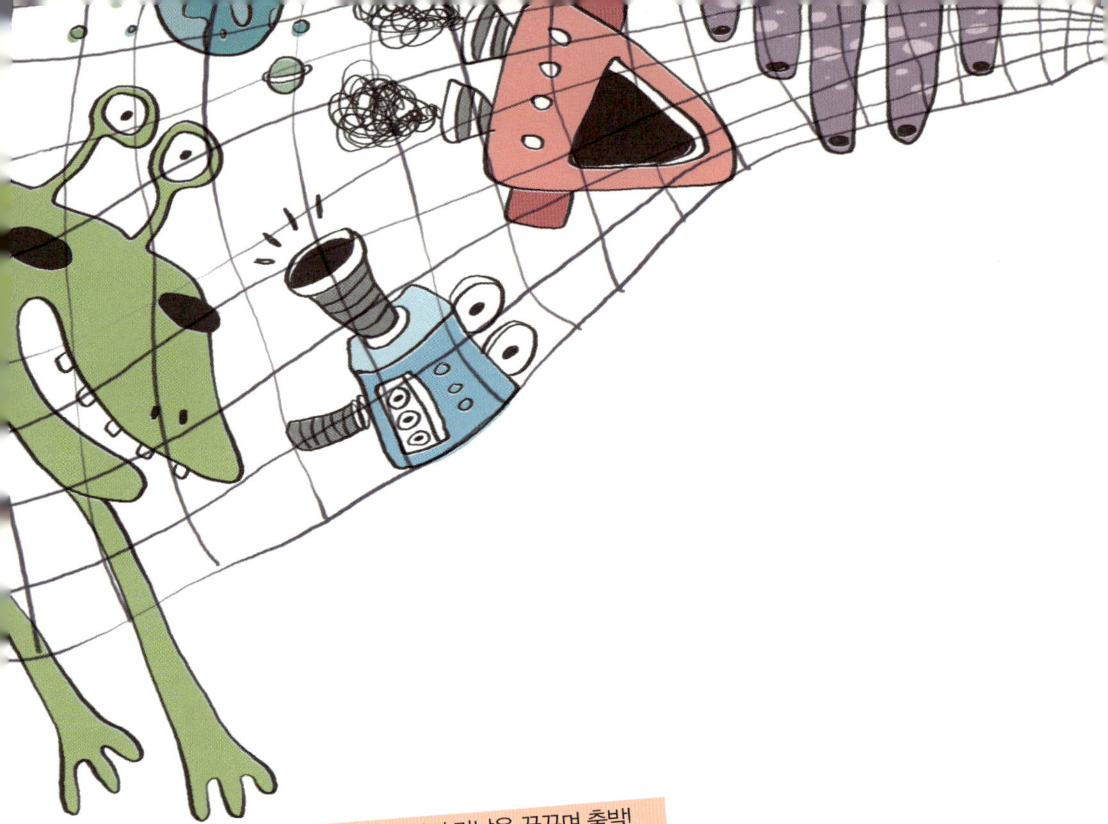

1. 외계인과의 만남을 꿈꾸며 출발!

2. 천문학 여행을 위한 간단한 안내서

3. 우리 곁에 있는 첨단과학, 천문학

4. 나도 천문학도가 되어볼까?

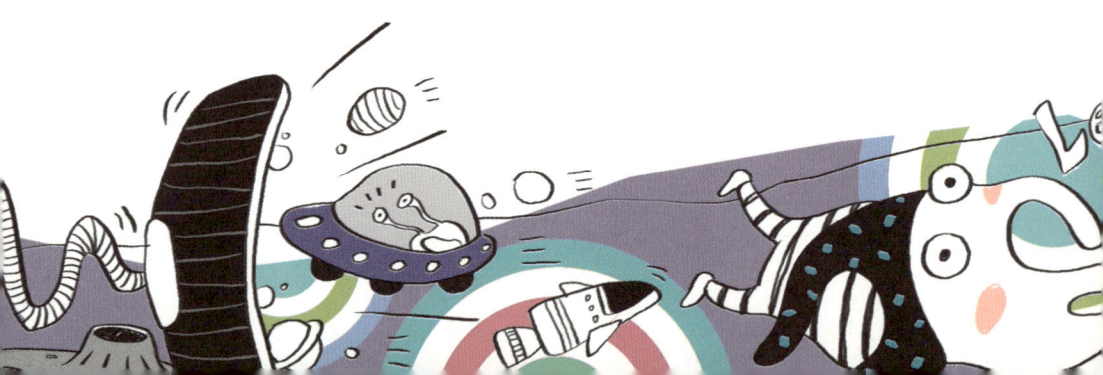

교수님과 함께 떠나는
천문학 여행

외계인과의 만남을 꿈꾸며 출발!

천문학은 무엇을 연구하는 학문일까? 한마디로 답하면 우주의 구조와 진화를 규명하여 우주의 기원을 밝히려는 학문이다. 즉, '우주에는 어떤 천체들이 있으며 이들은 어떠한 모습을 하고 있는가? 우주를 구성하는 천체들은 어떻게 만들어졌으며 앞으로 이들은 어떻게 될 것인가? 또 존재하는 모든 것의 총체로서 우주는 어떻게 만들어졌으며 어떻게 진화할 것인가' 등이 천문학이 던지는 물음이다.

천문학 연구의 목적은 바로 우주에 대한 이러한 궁극적인 물음에 답하는 것이다. 이러한 물음에 답하기 위해 천문학자는 망원경을 이용하여 천체를 관측하거나 가까운 곳은 우주탐사선을 이용하여 직접 가서 관찰하기도 한다.

우주의 구조와 기원에 대한 물음은 여전히 풀리지 않은 채 우리의 호기심을 자극하고 있지만 최근에 시작된 천체생물학도 이에 못지않게 우리의 눈길을 끈다. 멀지 않은 장래에 우리의 이웃을 만날 수도 있기

교수님과 함께 떠나는
천문학 여행

때문이다. 이미 300개에 가까운 외계 행성을 발견하였고 곧 지구를 닮은 행성도 발견할 것이다. 원시 행성계에서 물 분자를 발견하였고, 행성에서 메탄올과 같은 유기분자도 발견하였다. 아마 우리가 이 우주에서 외톨이가 아니라는 것도 조만간 밝혀질 것이다.

천문학 여행을 위한
간단한 안내서

천문학 연구는 천체의 관측으로부터 출발한다. 천문학 여행은 우주에 어떤 천체들이 있는지를 살펴보는 것부터 시작하는 것이 좋다. 천문학의 연구 대상은 태양계의 천체에서 외부은하까지 그 종류가 다양하다. 자, 천문학 여행을 위한 간단한 안내서를 살펴보자.

첫 번째 관문 : 태양계

태양계는 우리의 영원한 관심사다. 우주의 신비가 하나씩 밝혀질 때마다 천문학의 연구 대상은 점점 먼 곳으로 향하게 되지만 달이나 행성 같은 태양계의 천체는 여전히 우리의 흥미를 끈다.

달이나 행성 등 태양계의 천체들은 가까이 있기 때문에 탐사선을 이용한 우주탐사의 일차적인 대상이며 우주여행의 가장 좋은 대상이다. 우주탐사선을 이용한 태양계 탐사는 지상에서의 관측과는 비교도 되지 않을 만큼 선명한 행성의 모습을 우리에게 안겨주었고, 이로써 우

교수님과 함께 떠나는
천문학 여행

아폴로 11호를 타고 달에 착륙한 미국의 우주인 버즈 올드린의 모습이다. 선명한 발자국이 그림자 옆에 몇 개 보인다.

리는 달이나 화성의 지각을 지구의 지각을 분석하듯이 연구할 수 있게 되었다.

가장 가까이 있는 별까지의 거리는 4.3광년이다. 이것은 우리가 빛의 속도로 여행을 한다 하더라도 이 별까지 가기 위해 4.3광년이 걸린다는 말이다. 때문에 현재의 기술로는 태양계 바깥까지 나가는 것은 매우 어렵고 당분간 우주탐사선의 목적지는 태양계의 천체가 될 것이다. 이미 우리는 달에 착륙하여 달의 지각을 분석하였고, 화성에도 우주탐사선이 착륙하여 실험을 수행하고 있다.

태양계 탐사의 최고 야심작은 보이저(Voyager) 우주선이다. 지구 궤도보다 바깥에 있는 태양계의 모든 행성을 방문한 후 태양계 바깥으로 여행하도록 설계된 보이저호는 목성을 방문하여 목성을 둘러싸고 있는 고리와 함께 많은 작은 위성들의 모습을 보내와 사람들을 놀라게

태양계를 탐사하고 지금은 명왕성 궤도보다 더 멀리 나가있는 보이저호의 모습이다. 다음 주소를 방문하면 보이저호의 현재 위치를 알 수 있다.
http://heavens-above.com/solar-escape.asp/

하였다. 또한 토성에 도착해서는 토성이 목성보다 더 많은 수의 작은 위성을 가지고 있음을 알려왔다. 1977년 지구를 떠난 보이저호는 이미 천왕성과 해왕성을 지나 태양계 외곽으로 나아가고 있다. 보이저호에는 인간의 신체 구조를 알 수 있는 남녀의 알몸 그림을 포함하여 지구를 소개하는 115개의 사진과 음악이 담겨 있다. 또한 새소리, 바람소리, 파도소리 등 각종 자연의 소리도 들어 있다. 이것들은 태양계 밖을 여행하다 언젠가 만나게 될 외계인을 위해 준비한 우정의 선물이다.

태양계를 이루는 행성의 대부분은 우주탐사선의 방문을 받았고 앞으로도 꾸준히 받게 될 것이다. 그러나 우주탐사선을 만들고 이를 태양계의 천체에 보내기 위해서는 각종 첨단 기술과 막대한 예산이 필요하다. 때문에 과거의 태양계 탐사는 미국이나 유럽과 같은 선진국에서만 이루어졌다. 그러나 우리나라도 천문학에 많은 투자를 하고 우

주를 향한 꿈을 잃지 않는다면 머지않아 우주 강국의 대열에 동참할 수 있을 것이다. 이런 점에서 전라남도 고흥군 나로 우주센터가 완공되고 최초의 우리나라 우주인인 이소연 씨가 우주정거장에서 각종 과학적 실험을 수행한 2008년은 우리나라 우주과학 역사에 새로운 이정표를 세운 해가 될 것이다.

두 번째 관문 : 별과 성단

태양계의 천체가 우리에게 친숙한 것은 사실이지만 우주에 대한 관심은 태양계에 국한되지 않는다. 우리가 밤하늘에서 맨눈으로 볼 수 있는 행성은 다섯 개에 불과하지만 별은 이보다 훨씬 많다. 수많은 별 하나하나가 행성계도 가질 수 있으니 별의 중요성은 태양계의 천체에 비할 것이 아니다. 때문에 정량적인 방법으로 천체를 관측하면서 가장 많은 관측이 이루어진 것이 별이다.

우리가 별을 관측하여 얻을 수 있는 정보는 별의 광도, 색, 에너지 분포 등 몇 개 되지 않지만 천문학자는 이로부터 별이 얼마나 크고 밝으며, 또 온도는 얼마인지 등을 알 수 있다. 자세한 스펙트럼을 얻을 수 있으면 별이 어떤 원소로 되어 있는지도 알 수 있고, 이러한 정보를 종합하여 별의 나이나 수명 등도 유추할 수 있다.

별은 태양처럼 홀로 있는 것도 있지만 대부분은 짝별을 가지고 있다. 태양 주변에 있는 별들의 통계를 보면 짝별을 가진 쌍성이나 삼중성 등으로 있는 경우가 반을 넘는다. 또한 별들의 대부분은 성단이라 부

젊은 별이 많이 있는 좀생이자리의 산개성단이다. 별이 성간 구름에서 태어난 것을 증명이라도 하듯이 푸른 별 주변에 성간티끌이 많이 있다. 이들이 별 빛에 반사되어 반사성운으로 보이는 것이다.

르는 별의 집단에 속해 있다. 성단은 같은 장소에서 동시에 태어난 별들로 이루어져 있기 때문에 별의 생성과 진화를 연구하는 데 좋은 조건을 제공한다.

우리은하계에는 수천억 개의 별이 있다. 별에 대한 연구는 이들 별이 어떻게 만들어져 어떤 일생을 살아가는지에 대한 연구와 함께 이들이 어떻게 분포되어 있는지를 조사하여 우리가 살고 있는 섬우주인 은하계가 어떤 구조를 하고 있는지를 이해하는 것이다. 특히, 20세기 초까지는 우리은하계가 우주의 전부라고 생각했기 때문에 별의 분포를 이해하는 것을 무엇보다 중요하게 생각했다.

세 번째 관문 : 은하와 우주

수천억 개의 별로 이루어진 은하야말로 우주의 구조를 밝히는 열쇠다. 그러나 은하는 워낙 멀리 있기 때문에 소형망원경으로는 관측이 어려워 1970년대까지는 큰 망원경이 있는 몇몇 천문대에서만 연구가 가능하였다. 1980년대에 들어와서는 은하의 관측이 천문학자들의 가장 큰 관심을 끌게 되었다. 그 이유는 천체 관측에 도입된 CCD (Charge Coupled Device)라 불리는 광검출기의 등장 덕분이었다. 디지털 카메라와 같은 원리로 작동하는 CCD는 사진 건판보다 수십 배 이상 흐린 빛에 노출되어도 영상을 얻을 수 있을 뿐만 아니라, 측광의 정밀도도 뛰어나 가까운 은하는 1m 이하의 소구경 망원경으로도 관측이 가능했다.

또한, 1990년대에는 구경이 8m로 어지간한 집보다도 큰 초대형 망원경들이 건설되어 은하의 관측이 현대천문학의 가장 중요한 연구로 자리 잡게 되었다. 은하야말로 우주를 이루는 기본 단위이기 때문에 은하 연구의 활성화는 관측을 통한 우주론 연구의 시대를 열게 했다. 우주의 나이와 크기 등 우주의 기본적인 사실들이 은하의 관측을 통해 알려졌다.

20세기 초에 이루어진 가장 중요한 발견은 우리가 살고 있는 우주가 정지해 있지 않고 팽창한다는 사실이었다. 또한 20세기 말에는 우주의 대부분이 암흑에너지와 암흑물질로 구성되어 있으며, 암흑에너지에 따라 우주가 가속 팽창하고 있다는 것을 발견했다. 이 모든 발견이

적외선 관측에 의해 알려진 우리은하계의 모습과 이를 둘러싸고 있는 은하들의 분포 모습이다. 은하들의 집단이 필라멘트 구조로 서로 연결되어 있는 것을 볼 수 있다.

은하의 관측을 통해 이루어졌듯이 은하의 관측은 우주의 구조와 진화를 규명하여 우주의 궁극에 다가서는 데 가장 중요한 일이다.

은하의 연구에서 은하 개개의 특성을 연구하여 은하가 어떠한 과정을 거쳐 만들어졌는지를 규명하는 것도 중요하지만 은하들의 집단인 은하단의 생성과 진화도 매우 중요한 문제다. 은하의 집단으로 이루어지는 은하단이나 초은하단 등 우주의 거대구조가 어떻게 만들어지는지 또 최초의 천체는 무엇이며, 이들과 은하 또는 우주의 진화는 어떠한 관계가 있는지 등은 21세기에 풀어야 할 천문학의 핵심 과제로 떠오르고 있다.

교수님과 함께 떠나는
천문학 여행

우리 곁에 있는 첨단과학, 천문학

과거에는 천문학이 지극히 실용적인 학문이었지만 과학이 발달한 현대에는 천문학이 실생활과 그다지 관계가 없는 것처럼 느껴진다. 과연 그럴까? 사실 천문학에 대한 지식이 없어도 살아가는 데 큰 불편을 느끼지 않는다. 물론 다른 과학 분야도 마찬가지이지만 천문학의 경우 좀 더 그러하다.

천문학은 정말 우리 사회에서 필요하지 않은 학문일까? 결코 그렇지 않다. 과거 동양에서는 천문학을 제왕지학이라 하여 하늘의 뜻을 받들어 나라를 다스리기 위해서 왕이 반드시 알아야 하는 학문으로 여겼다. 또한 학문을 하는 선비라면 누구나 천문학을 배워 자연 현상을 종합적으로 이해하기 위해 노력하였다.

지금도 사정은 크게 다르지 않다. 천문학은 그 실용성을 떠나서 우주적 관점에서 바람직한 삶을 살기 위해 지성인이 반드시 알아야 하는 필수적인 지식이다. 삶의 목표가 무엇인지를 제대로 알기 위해서 천천문학은 그 실용성을 떠나서 우주적 관점에서 바람직한 삶을 살기 위해 지성인이 반드시 알아야 하는 필수적인 지식이다.

문학적 지식이 필요하다는 말이다. 왜냐하면 천문학은 우리의 존재에 대한 근원적인 물음에 과학적 방법으로 답하려는 유일한 학문이기 때문이다.

우리의 삶은 자연을 보는 관점에 따라 많이 달라진다. 우리가 천체의 관측을 통해 접근할 수 있는 대자연의 우주는 그런 면에서 우리에게 가장 많은 것을 보여준다. 천체의 관측을 통해 엿보게 되는 우주의 모습을 통해 우리는 바람직한 우주관을 가질 수 있고, 우주관에 따라 우리는 완전히 다른 삶을 살게 된다. 우리들의 삶에 영향을 주는 각 종교의 가르침이나 교리가 결국은 그 종교가 만들어질 당시의 우주관을 그대로 반영하고 있음을 고려하면 우주에 대한 정확한 이해야말로 우리들의 삶을 가장 풍요롭게 할 수 있는 근원임을 알 수 있다.

아직 우리는 우주에 대해 모르는 것이 많다. 우주의 시작도 모르고 어떻게 진화해 갈 것인지도 모른다. 우주의 시작을 모른다는 것은 우리 존재의 뿌리를 모르는 것이고, 진화를 모른다는 것은 우리의 미래를 모른다는 것이다.

우리의 미래는, 정말 궁극적인 우리의 미래는 어떻게 될까? 이것은 결국 우주가 어떻게 진화할 것인가에 달려있기 때문에 우주의 진화를 이해하는 일은 우리의 미래를 예측하여 계획을 세우고, 현재를 가치 있게 살 수 있도록 해줄 것이다.

천문학의 사회적 역할이 사고의 폭을 넓혀주고 올바른 삶으로 인도하는 것만은 아니다. 오늘날에도 천문학은 우리가 느끼는 것 이상으로 실용적이다. 물론 우리가 우주 시대의 주역으로 제 역할을 하려 할 때의 일이지만 말이다. 지금 미국이나 유럽에서 천문학에 투자하는 돈은 상상을 초월할 만큼 큰 액수이다. 실용성을 강조하는 서구에서 이렇게 많은 돈을 천문학에 투자하는 이유는 무엇일까? 천문학에 투자하는 것이 우주 강국이 되는 지름길이기 때문이다. 우주 시대가 앞으로 어떻게 전개될지는 예측할 수 없다. 달에 기지를 세워 지구에서 필요한 지하자원을 가져올 수도 있고, 지구에서는 하기 어려운 실험을 통하여 새로운 물질을 만들거나 새로운 약품을 만들 수도 있을 것이다. 무엇보다 중요한 것은 지금 우리가 예상하지 못하고 있는 일들이 우주 개발 과정에서 일어날 수 있다는 사실이다.

천문학이 최첨단과학으로서 과학 발전을 선도할 수 있는 것은 학문의 본질적인 속성이 새로운 것을 추구하고, 그 과정에서 예상치 못했던 발견을 통해 과학 발전을 이끌기 때문이다. 즉, 천문학이 새로운 시대를 열어가는 선구자 역할을 하는 것이다.

지금 미국의 NASA가 수행하고 있는 많은 과제들은 우주의 기원을 찾는 것을 목표로 하지만 이를 수행하는 과정에서 개발된 각종 기술들은 다른 기술로 파급되어 전체적인 과학 기술의 발전을 가져오고 있다. 지금까지 이루어진 발전은 앞으로 이루어질 과학 기술과 비교하면 지극히 초보적인 수준에 지나지 않을 것이다. 우주 시대에 우리가

어디까지 발전할 수 있을지 예상하는 것은 매우 어려운 일이다. 그러나 어느 분야보다 먼저 천문학이 그 가능성에 도전하게 될 것은 충분히 짐작할 수 있다. 천문학은 이미 코페르니쿠스의 혁명을 통해 우리의 사고 체계를 한번 바꾸어 놓았다. 이러한 사고의 변혁이 현대 과학을 꽃피웠음을 우리는 알고 있지 않는가.

우주를 구성하는 가장 큰 몫이 중력과는 반대로 밀어내는 힘을 지닌 암흑에너지라는 것이 밝혀졌다. 우리의 사고도 이에 맞추어 개방되고 열린다면 우리의 과학 지식은 새로운 발견으로 이어지고 새로운 세상을 열게 될 것이다.

생활 속 천문학 - 윤초 이야기

주위를 살펴보면 천문학이 우리의 삶과 얼마나 밀접하게 관련되어 있는지를 발견할 수 있다. 우선 시간 체계가 그렇다. 달력뿐만 아니라 우리가 사용하고 있는 시간 체계가 여전히 천체의 관측에 따라 기준점을 맞추고 있다. 지금 우리가 사용하는 하루의 길이 기준은 지구의 자전 주기다. 지구의 자전 주기가 달의 기조력으로 조금씩 느려지고 있기 때문에 엄밀히 말하면 하루의 길이가 매일 조금씩 길어지고 있다. 그러나 우리가 사용하는 시계는 원자의 진동수를 이용하여 시간 간격을 정하기 때문에 그 길이가 일정하다. 그럼 어떻게 되겠는가? 시계에 따라 정해지는 하루의 길이는 일정한데 실제 하루의 길이는 조금씩 길어지고 있으니 시계가 실제 낮과 밤의 변화 주기보다 빨리 가게 된다.

이처럼 빨리 가는 시계를 실제 자전 주기에 맞추기 위해 사용하는 것이 바로 윤초다. 천체 관측을 통해 하루의 길이를 측정하고 이것이 시계가 나타내는 하루의 길이보다 많이 길어지면 날짜를 넘기기 전에 1초를 더 헤아리는 것이 윤초다. 최근에 실시된 윤초는 세계시로 2005년 12월 31일에 있었으며 우리나라에서는 2006년 1월 1일에 있었다. 그 이유는 우리나라의 표준시와 세계시가 9시간 차이가 나기 때문이다. 즉, 2005년 12월 31일 23시 59분 59초 후에 윤초를 1초 넣고 다시 1초 후 해가 바뀌도록 하였기 때문에 우리나라에서는 2006년으로 해를 넘겨 윤초가 들어가게 된 것이다.

study
#04

나도 천문학도가
되어볼까?

난 종종 천문학을 하늘의 문학이라고 한다. 뭐 크게 틀린 말은 아니라고 생각하지만 이렇게 말하면 인문학적 냄새를 풍겨 자칫 오해할 수도 있다. 사실 천문학은 자연과학 중에서도 물리학과 함께 수학을 가장 많이 사용하는 학문이며 물리 법칙에 따라 관측된 천체 현상을 해석하기 때문에 물리학과 가장 가까운 학문이다. 그러나 천문학이 물리학과 다른 점은 천문학에서는 조건을 통제하는 실험이 허용되지 않는다는 점이다. 천문학은 천체 현상을 있는 그대로 관측하여 천체 현상에 내재하는 자연법칙을 찾거나 우주의 구조와 기원을 이해하려는 것이다.

역사적으로 가장 위대한 천문학자로 꼽히는 티코 브라헤와 케플러에 대해 알아보자. 티코 브라헤는 평생을 천체의 관측에 바쳤는데 그는 행성의 관측을 통해 새로운 우주 모형을 제시하였으며, 케플러는 스승인 티코 브라헤가 관측한 행성의 운동을 분석하여 천체의 운동 법

교수님과 함께 떠나는
천문학 여행

칙을 발견하였다. 티코 브라헤는 관측천문학자인 셈이고 케플러는 수학적 재능이 뛰어난 이론천문학자인 셈이다. 오늘날 대부분의 천문학자는 직접 천체를 관측하거나 직접 관측 자료를 해석하기 때문에 관측천문학자와 이론천문학자를 구별하기 어려운 경우가 많이 있지만 관측천문학자는 천체의 관측에 더 치중하는 편이고 이론천문학자는 관측 자료의 해석에 더 치중하는 편이다.

어느 경우든 천문학에서는 천체 관측이 가장 중요하기 때문에 천문학자가 되려는 사람은 누구나 관측을 위해 천문대에 즐겁게 갈 수 있어야 하고, 밤을 지새우며 천체를 관측하는 것을 마다하지 않아야 한다. 그리고 천문학 연구가 천체의 관측으로 끝나는 것이 아니라 관측 자료를 해석해야 하기 때문에 이에 필요한 물리학이나 수학 등 기초 지식을 갖추어 관측된 천체 현상을 해석할 수 있는 능력을 길러야 한다. 물론 천문학자 중에는 직접 천체를 관측하지 않고 관측된 천체 현상을 이해하기 위해 수학적 모델이나 수치 모형 계산을 수행하여 관측된 천체 현상을 설명하는 일을 주로 하는 천문학자도 있다. 이들은 보통 이론천문학자나 천체물리학자로 불리지만 대부분의 천문학자는 천체의 관측과 관측된 천체 현상의 해석을 병행하여 수행한다.

또한 천문학이 천체의 관측을 중심으로 이루어지는 만큼 천문학자는 천체를 관측하는 데 필요한 망원경과 측광기, 분광기 등 관측 장비에 대한 이해가 있어야 하고, 이들을 이용할 줄 알아야 한다. 모든 학문이 그렇지만 특히 천문학은 끊임없이 새로운 발견을 추구하기 때문에 새로운 관측 장비가 늘 요구된
다. 하지만 이것들은 시장에서
구입할 수 있는 것이 아니기 때문에
대부분 엔지니어들의 도움을 받아
필요한 관측 장비를 제작하여 사용
한다. 따라서 천문학을 하려는 사람이
전자회로를 이해할 수 있고, 기계의 설계 등을 할 수 있다면 창의적인
관측 계획을 세우는 데 많은 도움이 될 것이다.

이처럼 천체의 관측이 모든 연구의 시작이기 때문에 천문학을 공부하
게 되면 관측 여행을 많이 하게 된다. 따라서 여행을 즐길 줄 아는 것
도 중요한 일이다. 더구나 대부분의 천문대가 오지에 있는 산 위에 있
기 때문에 천문대를 찾아가는 것 자체가 큰 여행이 될 수 있다. 결국
천문학을 하기 위해서는 논리적 사고력, 자연을 관찰할 수 있는 집중
력, 물리 법칙에 기초한 합리적 사고뿐만 아니라, 천체라는 대자연을
사랑하는 마음이 필요하다. 또한, 천체 현상의 관측은 다른 학문의 실
험이나 관찰과 달리 관측할 수 있는 것이 천체가 방출하는 빛밖에 없
으므로 관측된 빛이 내포하고 있는 여러 가지 현상을 종합적으로 해
석하는 통합적 사고력이 필요한 학문이다.

천문학에 푹 빠진 사람들

천문학을 하는 사람들 중에는 정말 학문 자체를 사랑하는 사람들이 많다. 이들 중에는 대학에서 다른 학문을 전공했으나 어릴 때의 꿈을 찾아 다시 천문학의 길로 들어서는 사람들도 있다. 나도 천문학이 좋아 고등학교 때 문과에서 공부하다 3학년이 되어서야 이과로 옮겨 천문학과를 선택했다. 또한 내가 만난 사람 중에는 대학을 졸업하고 그 꿈을 이룬 사람도 있다. 그중 약사와 공학도 이야기를 들려줄까 한다.

약사에서 천문학자로

20세기가 끝나가는 어느 날 누군가 내 연구실 문을 두드렸다. 조심스럽게 방에 들어오는 모습을 보니 내가 모르는 사람이었다. 외판원 같지는 않아 무슨 일로 왔는지를 물어보았다. 미국으로 천문학을 공부하러 가려고 하는데 좋은 대학을 추천해 줄 수 있는지 그리고 혹시 추천서를 써줄 수 있는지 물어보는 것이었다.

부산대학교 약대를 나와 부산대학교 병원에서 약사로 2~3년을 근무한 그 친구는 월급을 모아 유학을 가는 것이라고 했다. 원서를 써야 하는데 천문학 분야에 대해 아는 것이 거의 없어 선택이 어려워 조언을 구하러 나를 찾아온 것이었다. 첫눈에 보아도 심지가 굳어 보여 무엇이라도 할 수 있는 친구 같았다. 어떤 분야를 배우고 싶으냐고 물어보니 관측을 하고 싶단다. 미국의 대학이면 어느 곳에 가더라도 관측을 배울 수 있지만 이왕이면 최고의 대학을 소개해 주고 싶어 애리조나 대학을 추천해 주었다. 애리조나 대학은 교내에 1.8m

광학망원경을 갖춘 스튜어트 천문대가 있을 뿐 아니라 인근에 미국 국립광학
천문대가 있어 미국 관측천문학의 메카 구실을 하고 있다. 때문에 초보자가
관측을 제대로 배우기에 많은 유리한 조건을 갖추고 있다. 박사급 천문학자
가 100명이 넘고 대학원생도 40명 정도 되는 미국의 대표적인 관측천문학 중
심의 대학인 것이다. 또한 학문 교류를 위해 많은 사람들이 드나들기 때문에
훌륭한 학자들을 만날 기회도 어느 곳보다 많은 곳이다. 마침 나와 친분이 있
는 케니컷 교수가 그곳에 있어 제대로 된 추천서는 아니더라도 소개 편지는
써줄 수 있었다.

약사는 누구나 생각하는 가장 안정된 직업 중의 하나다. 그러나 약사였던 그
친구는 안정된 직업을 버리고 어릴 때부터 하고 싶었던 천문학 공부를 위해
미국으로 유학을 간 것이다. 이후에도 몇 번 편지를 보내왔고, 몇 년 후 연구
실로 찾아왔다. 많이 반가웠다. 어느새 박사 과정도 거의 끝나고 곧 학위 논
문을 제출할 것이라 했다. 연구 주제는 초기 우주에서 은하가 만들어지는 과
정을 수치 모형을 통해 연구하는 것이란다.

은하를 연구한다니 더욱 반가웠다. 나
와 공동 연구도 할 수 있을 것 같았기 때
문이다.

그 친구는 두어 번 더 귀국했는데 그
때마다 내 실험실에 들러 대학원생들과
같이 연구를 했다. 지금은 학위를 끝낸 후 페
르미 연구소에서 박사 후 연구원으로 일
하고 있다. 그 친구가 활발하게 연구 활동을

하고 있는 것을 보고 있으면 비록
나와 스승과 제자의 인연은 맺지 못했지만
천문학에 첫발을 내딛을 때 맺
은 작은 인연에 감사한 마음이
든다. 부디 훌륭한 학자가 되길 바라 마
지않는다.

공학도에서 천문학자로

지금은 천문우주연구원에서 연구원으로 일하고 있지만 대학시절에 천문학과
전혀 관계없는 공부를 한 친구 이야기를 하나 더 들려줄까 한다. 부산대학교
기계설계학과를 졸업한 친구의 이야기다. 대학시절 아마추어 천문가 활동을
하면서 나와 인연을 맺었는데 졸업 후 나를 찾아와 망원경과 천체 관측 장비
등을 만들고 싶다고 했다. 동아리의 지도 교수로서 그 친구를 잘 알고 있던
터라 대학원에 진학하여 관측천문학을 공부하는 것이 어떻겠느냐고 권했다.
그 친구는 너무 좋아하며 대학원에 진학했고 본격적인 천문학도의 길을 걷게
되었다.

그 친구는 석사 과정 중에는 부산대학교에 있는 16인치 반사망원경의 구동을
컴퓨터로 제어할 수 있게 하드웨어와 소프트웨어를 만들었고 삼색 다이오드
를 이용하여 측광기를 만들기도 하였다. 전자 공학에 해박
한 지식이 없으면 쉽게 할 수 없는 일이었다. 졸업 후에는
연세대학교에서 박사 후 연구원과 연구 교수로 있으면서 연
세대 변용익 교수가 주도해 남아공과 호주에 세운 무인 원격

망원경의 제작과 운영에 크게 기여하였다. 이 친구가 대학 졸업 후 나를 찾아와 자신의 꿈을 말하며 조언을 구할 때 천문학을 권한 것이 좋은 결실을 맺어 흐뭇하기만 하다.

졸업하면 어디서 일하게 될까?

여러분이 가장 궁금해하는 일 중의 하나가 천문학과를 나온 후 어디에 취직할 수 있을까 하는 것이다. 결론부터 말하자면, 꿈이 있고 능력이 있는 사람은 취업 걱정을 할 필요가 없다. 꿈은 반드시 이루어지기 때문이다. 그러나 오해는 하지 말자. 취직자리가 널려 있어서 취업 걱정을 할 필요가 없다는 것은 아니다. 어느 분야나 마찬가지이지만 취업의 문은 좁다. 단지 준비된 사람에게는 항상 길이 있다는 말이다.

천문학이 순수 기초 과학인 것을 생각하면 졸업 후 전공을 살려 취업을 하기가 그렇게 쉽지 않은 것이 사실이다. 특히, 대학의 학부만 나온 사람이 전공을 살려 갈 수 있는 곳은 불과 10년 전만 하더라도 거의 없었다고 해도 과언이 아니다. 내 기억으로는 남산 어린이 과학관이 천문학과의 학부만 마친 사람이 천문학을 직업으로 삼아 취업할 수 있는 거의 유일한 기관이었고, 그 외 전공을 살려 취업을 한 대부분의 사람은 적어도 석사 과정을 마쳤다.

지금은 사정이 많이 달라졌다. 2000년 이후 시민천문대가 많이 생겼기 때문이다. 시민천문대라는 사설천문대도 많이 생기고 있지만 지방자치단체에 의해 설치되는 시민천문대가 더 많이 생길 것이다. 2001년 새천년을 맞아 대전과 김해에 시민천문대가 시의 재정으로 생기고, 연이어 영월군의 시민천문대가 생긴 이래, 군 단위의 시민천문대나 서울의 광진구와 같이 구 단위의 시민천문대도 생기고 있다.

이런 시민천문대야말로 평생을 별을 보며 또 사람들에게 별을 보여주며 살수 있는 좋은 직업이다. 시민천문대가 지방자치단체의 직영이면 공무원 신분

으로 일하게 되고, 지방 자치단체 산하 공단으로 관리가 넘어가면 준공무원이 되어 매우 안정적이다. 아직 우리나라는 시민천문대가 설립단계에 있지만 이웃 나라인 일본의 경우 약 300개에 달하는 시민천문대가 있어 적지 않은 사람이 천문학과를 나와 별을 보며 살 수 있는 터전이 만들어졌다. 우리나라도 계속 시민천문대가 생기고 있기 때문에 천문학과 졸업생들이 별을 보며 살 수 있는 기회는 있는 셈이다.

취업 전선의 마지막 단계는 대학이나 연구소에 자리를 잡는 것이다. 물론 많은 경우 박사 후 과정을 거치지 않고 바로 연구소에 취직을 할 수는 있으나 많은 경우 박사 후 과정 연구원으로 연구소에서 계약직으로 일하다가 나중에 다시 정규직으로 채용되는 것이 요즈음의 관행이다. 우주과학과를 포함하여 천문학과를 나와 갈 수 있는 연구소는 두 군데다. 당연히 천문연구원이 가장 많은 천문학자가 취업하는 곳이고 그 다음이 항공우주연구원이다. 이 두 연구소에서는 박사 후 연구원이나 전임연구원 등 박사급 인력 외에도 연구보조원의 형태로 석박사 과정의 학생들을 임시직으로 쓰고 있다.

여기에 희망적인 소식 하나를 보태자. 21세기를 달리 우주 시대라 하겠는가. 21세기를 정보화 사회 또는 정보통신 시대라고도 부르지만 이것은 20세기 후반에서 21세기 전반부의 특징을 볼 때 할 수 있는 말이고 21세기는 전체적으로 우주 시대임이 틀림없다. 정보통신 시대에 정보통신 관련 산업이 봇물 터지듯 발달하듯이 본격적으로 도래할 21세기에는 우주 산업이 꽃피게 될 것이

교수님과 함께 떠나는
천문학 여행

다. 아마 지금의 우리로서는 상상도 못하는 직업이 생길 것이고 생활 양상도 많이 달라질 것이다. 천문학은 바로 이 우주 시대를 열어가는 기초 과학이자 첨단 과학이다. 저자가 대학을 다니던 70년대 초보다는 지금은 천문학 인구가 많이 늘었고, 취업 기회도 몇 배나 늘었다.

우주 시대로 본격적으로 진입할수록 천문우주과학의 수요는 늘어날 것이다. 아마 이런 추세라면 기하급수적으로 늘지 말라는 법도 없다. 특히 정부가 우주개발 계획을 세우고 대기업체가 정부의 정책에 발맞추어 우주개발 계획에 참여하면서 인공위성 관련 업체로의 진출도 급격히 향상되고 있다.

우리나라의 우주과학 수준은 이제 걸음마 단계다. 이미 우리별 1, 2호, 무궁화호, 다목적 과학위성 등 다양한 과학위성이 우주 공간에서 이미 한반도를 내려다보았지만 이제까지 쏘아 올린 모든 인공위성은 다른 나라의 발사체를 이용한 것이다. 그러나 2008년 4월 이소연 씨가 우리나라 최초의 우주인으로 우주 정거장에서의 생활을 마치고 지구로 귀환하였고, 2008년 12월에는 고흥의 나로에서 우리나라가 만든 우주선 발사대를 이용하여 과학위성 2호를 발사하게 된다. 2015년까지는 총 15개의 인공위성을 쏘아 올릴 계획이니 이렇게 되면 우리나라도 우주 강국들만이 벌이고 있는 우주 경쟁에 제대로 발을 들여놓게 되는 셈이다. 그러니 우리나라의 우주 과학은 앞으로 급속히 발달할 것이고 이에 따라 관련 산업들이 우후죽순처럼 생겨날 것이다. 이제야말로 천문학이 살찔 수 있는 토양이 마련되고 있는 것이다.

우주의 신비 속으로
Go! Go!

우주탐사의 보고, 태양계

20세기 말에 시작된 천문학의 여러 가지 발견은 베일에 가려진 우주의 신비를 하나하나 벗기고 있다. 하지만 하나의 발견은 또 다른 의문을 던져 우주의 신비를 한층 더한다. 자, 최근 이루어진 발견들을 비롯한 우주의 신비로 여러분을 안내하겠다. 먼저, 태양계를 살펴보자. 태양계는 태양과 그 주변을 돌며 태양의 중력장에 의해 묶여 있는 물질계를 말한다. 태양계를 구성하는 천체에는 지구와 같은 행성, 위성, 소행성, 혜성 그리고 행성간물질 등이 있다. 최근에 행성보다는 작지만 소행성보다는 큰 천체인 왜소행성이 몇 개 발견되어 행성이나 소행성과는 다른 천체로 분류되었다.

왜소행성이 된 명왕성

2006년은 명왕성에겐 불운의 해다. 행성의 자격을 박탈당했기 때문이다. 2006년 8월 프라하에서 열린 국제천문연맹 총회에서는 그동안 논

우주의 신비 속으로
Go! Go!

란이 있었던 명왕성을 행성이 아니라 2005년 카이퍼 띠에서 발견된 에리스와 그동안 소행성으로 불러왔던 소행성대에 있는 세레스와 함께 왜소행성으로 부르기로 하였다. 왜냐하면 명왕성을 행성으로 그대로 두자니 이보다 크고 무거운 에리스도 행성이라고 해야 하고, 이들과 크기가 비슷한 콰오아나 세드라 등 다른 천체들도 행성으로 하지 않을 수 없기 때문이다. 크기를 기준으로 할 경우 앞으로 발견될 천체들 중 어디까지를 행성으로 할지가 난감해진 것이다.

국제천문연맹에서는 명왕성 사건을 계기로 행성의 정의를 새롭게 내렸다. 행성이 되기 위해서는 첫째, 태양 주위를 돌아야 하고, 둘째, 충분히 무거워 자체의 중력으로도 둥근 형태를 가질 수 있어야 하며, 셋째, 자신의 궤도 가까이에 있는 다른 천체를 청소할 수 있을 만큼 지배적이어야 한다. 이러한 행성의 정의에 사용된 세 가지 조건 중 명왕성은 세 번째 조건을 만족시키지 못한 것이다.

허블 우주망원경이 찍은 명왕성과 그 위성들의 사진이다. 가장 큰 위성인 카론은 1978년에 발견되었으며, 닉스와 히드라는 2005년 허블 우주망원경에 의해 처음 관측되었다.

국제천문연맹은 왜소행성의 조건을 다음과 같이 정했다. 첫째와 둘째 조건은 행성의 조건과 같지만, 궤도에 있는 다른 이웃 천체들을 청소하지 못하는 것은 왜소행성으로 정한 것이다. 그리고 위성이 아닌 천체라는 네 번째 조건이 첨가되었다. 또한, 국제천문연맹은 행성, 왜소행성, 위성이 아닌 모든 천체를 태양계 소천체라고 부르기로 했다. 이런 기준으로 보면 혜성과 소행성은 모두 태양계 소천체가 되는 셈이다. 그런데 재미있는 것은 명왕성의 퇴출을 투표로 결정했다는 것이다. 국제천문연맹에서는 학자들 사이에 의견이 달라 혼선이 생기는 문제를 해결하는 방법으로 투표를 사용한다. 물론 어느 단체나 총회에 올라온 안건을 처리할 때 투표를 하기도 하지만 명왕성의 퇴출 여부를 놓고 투표한 것이 개운치는 않다. 그나마 다행이었던 것은 투표권이 회원 누구에게나 공평하게 주어졌다는 점이다.

혜성, 우주쇼를 펼치다

인류 역사상 가장 유명한 혜성을 든다면 아마 핼리혜성일 것이다. 그 이유는 뉴턴의 역학을 이용하여 궤도 예측을 한 후 발견된 최초의 혜성이기 때문이다. 특히, 주기가 사람의 일생과 비슷한 약 76년으로 누구나 일생에 한 번은 볼 수 있기 때문에 핼리혜성에 관심을 가져왔다. 혜성은 무엇보다 긴 꼬리가 밤하늘을 가로지르는 것이 인상적인데 핼리혜성이 1910년 지구를 방문했을 때는 상당히 가까이 접근해 장관이었다. 혜성의 꼬리에 있는 청산칼리 독가스가 지구를 덮친다는 소문

우주의 신비 속으로
Go! Go!

역사적으로 가장 유명한 핼리혜성이다. 해왕성 궤도 안에 있는 혜성으로 76년을 주기로 지구를 찾아오기 때문에 누구나 일생에 한 번은 핼리혜성을 볼 수 있다.

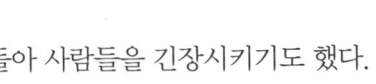

이 돌아 사람들을 긴장시키기도 했다.

그러나 핼리혜성보다 더 극적인 장면을 연출한 혜성이 있다. 바로 슈메이커–레비 혜성이다. 1993년 3월 슈메이커 부부와 레비에 의해 발견된 이 혜성은 1992년 7월 목성에 가까이 접근했을 때 목성의 중력에 의해 여러 개의 조각으로 부서졌다. 이렇게 부서진 혜성의 파편들이 1994년 7월 목성에 차례차례 충돌하며 대장관의 우주쇼를 펼친 것이다.

혜성과 행성의 충돌은 과거에도 많이 있었겠지만 인류가 이 장면을 볼 수 있으리라곤 아무도 생각하지 못했다. 그러나 정교한 궤도 계산으로 충돌 시간과 위치까지 예측이 가능해져 우주쇼를 전 지구촌이 볼 수 있었던 것이다. 만일 이 혜성이 목성이 아니라 지구에 충돌했다면 어떠했을까? 상상을 초월하는 끔찍한 재앙을 가져왔을 것이다. 슈메이커–레비의 목성 충돌로 인해 수백만 년 전에 있었던 공룡의 멸종이 혜성이나 소행성의 충돌에 의한 것임을 확인할 수 있었다. 공룡이 일시에 죽은 이유는 충돌로 생긴 먼지가 지구의 대기를 덮어 햇빛이 차단되고 이로 인해 식물이 자라지 못해 먹을 것이 부족했기 때문이다. 이러한 가설은 그 전부터 있었지만 슈메이커-레비 혜성과 목성의 충돌 때 생긴 먼지 파편의 모습으로 증명된 것이다.

그렇다면 과연 지구는 혜성이나 소행성의 충돌로부터 안전할까? 1992년 지구가 사자자리에 있는 혜성의 잔해를 지나갈 때 떨어진 운석들이 거실이나 침실에 떨어졌다는 보고가 있다. 다행히 인명 피해는 없었지만 이 정도의 일이 일어날 가능성은 대단히 높다. 보다 심각한 피해는 1947년 2월 12일 동 시베리아에 떨어진 운석으로 2㎢ 정도의 영역을 파편이 덮친 것이다. 만일 이 정도의 운석이 도시에 떨어졌다면 많은 소요가 있었을 것이다.

슈메이커-레비는 어디서 온 것일까? 주기가 긴 혜성은 태양으로부터 수만 AU(1AU=1.5×10⁸km) 떨어진 곳으로부터 온다고 생각되지만 주기가 수백 년 이하인 혜성들은 그렇지 않다. 이들은 해왕성 궤도 바깥에 있는 카이퍼대에 있는 작은 천체들이 주변의 영향으로 궤도가 바

1994년 목성에 충돌하기 전에 관측된 슈메이커-레비 혜성의 모습이다. 원래는 하나로 된 천체였으나 목성에 가까이 오면서 목성의 중력에 의해 여러 개로 쪼개졌다.

꿰어 태양계 안쪽으로 끌려 들어온 것들이다. 1994년 우주쇼를 연출했던 슈메이커-레비 혜성도 이러한 천체일 가능성이 높다.

화성에는 화성인이 있을까?

자구의 쌍둥이라 불리는 금성은 너무 뜨거워 생명체가 살기에 적합하지 않은 반면 지구의 사촌쯤 되는 화성은 화성인을 상상할 만큼 생명체가 있을 가능성이 크다. 한때는 망원경으로 관측된 화성의 강 흔적을 인위적인 운하라고 생각하여 소란을 피운 적도 있다. 물론 천문학자가 이 소동의 주인공은 아니다. 천문학자는 화성에 생명체가 살았을 가능성은 있다고 생각하지만 화성인으로 연상되는 고등생명체가 살았으리라고는 보지 않는다. 그 이유는 생명체가 살 수 있기 위한 필수 조건인 물이 풍족하지 않기 때문이다. 과거에는 화성에 물이 많이 있었기 때문에 생명체가 발현했을 수는 있으나 물이 풍족했던 시간이 지구처럼 길지 않아 고등생명체로 진화할 수 없었다고 생각된다.

화성에 물이 많이 있었을 때 생명체가 살았다면 지구에 화석이 남아 있듯이 화성의 지층에도 화석 등 생명체의 흔적이 남아 있을 수 있다. 때문에 화성에 살았으리라고 추정하는 생명체를 조사하기 위해서는 화성의 지층을 조사해야 한다. 이를 위해 미국은 화성에 여러 차례 화성 표면 관찰을 위한 우주탐사선을 보내 화성의 지도를 만들고, 로봇을 이용하여 화성의 지질 조사를 수행하고 있다.

1997년 화성에 도착해 약 1년 반 동안 화성 표면을 관측한 글로벌 서

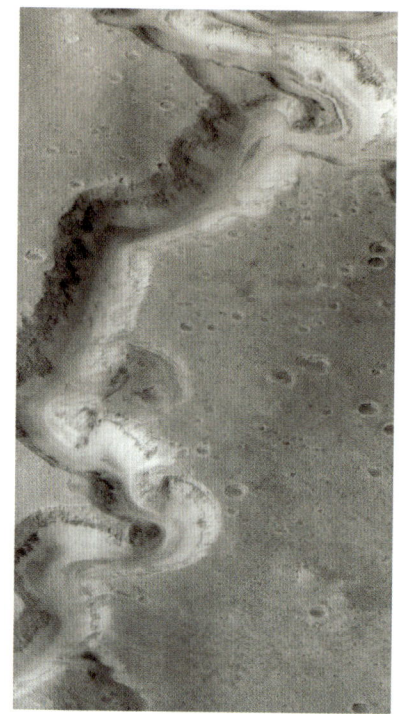

1998년 화성의 글로벌 서베이어 탐사선에 의해 관측된 화성의 강 흔적이다. 우주탐사선에 의한 정밀 사진이 얻어지기 전 지상의 망원경으로 관측한 이러한 강의 흔적을 보고 화성인이 파놓은 운하라는 주장이 제기되기도 했다.

베이어 탐사선이 보내온 자료에 따르면 지금도 물이 지표 아래에 있을 수 있다는 것이다. 2001년 화성에 도착한 화성 오딧세이는 지금도 화성 주위를 돌며 화성 표면 사진을 보내오고 있고 스피릿(Spirit)과 오퍼튜니티(opportunity)란 멋진 이름을 가진 두 로봇은 화성을 거닐며 지질 탐사 등을 수행하고 있다. 이 자료로부터 화성의 표면 지도가 완성되면 화성에 물이 있을 가능성이 높은 지역을 알 수 있고 화성의 생명체 탐사에 속도가 붙을 것이다.

갈릴레이 위성의 재발견

종교 재판에서 살아남기 위해 태양이 우주의 중심인 지구 주위를 돈다는 지구중심설을 인정했던 갈릴레오 갈릴레이는 감옥으로 돌아오면서 '그래도 지구는 돈다' 는 유명한 말을 남겼다. 갈릴레오는 지구가 태양을 돈다는 것을 어떻게 확신할 수 있었을까? 바로 망원경의 힘이

우주의 신비 속으로
Go! Go!

화성에서 지질 조사를 하고 있는 스피릿의 모습. 스피릿의 근황을 알고 싶은 사람은 다음 주소를 방문해 보자. http://marsrovers.nasa.gov/mission/status_spirit.html

갈릴레오 탐사선이 찍은 목성의 위성인 칼리스토 사진

다. 자신이 직접 제작한 망원경으로 금성을 보니 지구중심설에서는 도저히 설명할 수 없는 보름달을 닮은 금성의 모습을 볼 수 있었고, 목성을 보니 줄무늬와 함께 목성 주위를 돌고 있는 위성이 보였기 때문이다. 지구중심설에 따르면 모든 천체는 지구 주위를 돌아야 하는데 목성 주위를 도는 위성이 있는 것을 보고 지구가 우주의 중심이 아니라는 생각을 굳히게 된 것이다.

갈릴레오가 태양중심설을 주장하는 데 결정적인 증거가 되어준 목성의 위성들 중 갈릴레오가 발견한 4개의 위성을 우리는 갈릴레이 위성이라고 한다. 그런데 최근 이 갈릴레이 위성이 다시 주목을 받고 있다. 우주의 생명체와 관련해서다. 과거 행성의 내부가 뜨거웠을 때 화산의 폭발 등으로 인해 내부의 수증기가 분출되어 갈릴레이 위성의 표면에 물이 있었을 것이다. 시간이 지나 위성의 내부가 식으면서 지표

우주의 신비 속으로
Go! Go!

로 스며든 물은 얼어버렸겠지만 물이 지표를 덮고 있었을 때 생명체가 출현했을 가능성을 배제할 순 없다. 화성의 생명체 탐사가 어느 정도 진척을 이루고 나면 가니메데나 칼리스토 같은 갈릴레이 위성이 주목을 받게 될 것이다.

굳이 생명체 문제가 아니더라도 갈릴레이 위성의 하나인 이오는 우리의 눈길을 끈다. 왕성한 화산 활동 때문이다. 보이저 탐사선이 목성에 접근하며 많은 발견을 했는데 그 중 가장 많은 관심을 끈 것이 바로 목성의 고리와 이오의 화산 활동이었다. 이오의 화산 활동은 지구와는 비교할 수 없을 만큼 왕성하고 규모도 크다. 지구의 화산보다 훨씬 높은데 이는 이오의 질량이 지구보다 작아 중력이 작기 때문이다.

이오의 화산 활동은 표면 전체에 골고루 퍼져 이루어진다. 때문에 이오의 모양이 우글쭈글하게 일그러질 정도다. 이오의 화산 활동이 왕

보이저 1호가 80만km 거리로 접근하여 찍은 이오의 모습이다. 이오의 표면이 이렇게 거칠게 보이는 것은 빈번하게 일어나는 화산 활동 때문이다.

갈릴레이 위성이 본 목성의 고리이다. 목성의 고리는
얼음이나 작은 암석 알갱이들로 되어있으며, 토성의 고
리에 비해 훨씬 작아서 지상의 소형 망원경으로는 관측
이 불가능하다.

성한 이유는 이오의 내부가 지구보다 더 뜨겁고 유동성이 높기 때문
이다. 태양으로부터 지구보다 훨씬 멀리 떨어진 이오의 내부가 뜨거
울 수 있는 것은 이오가 목성의 중력에 의해 스트레스를 받아 내부에
서 마찰열이 생기기 때문이다. 우리도 스트레스를 받으면 머리에서
열이 나고 몸이 쑤시지 않는가. 천체라고 다를 것이 없다. 너무 큰 천
체에 가까이 가면 천체의 중심에서의 거리에 따라 달라지는 소위 차
등중력이라는 것에 의해 서로 반대편에 있는 쪽은 반대 방향으로 힘
을 받아 내부가 뒤틀리게 된다. 인간 사회도 마찬가지다. 건강하게 살
려면 너무 큰 권력자의 옆에는 가까이 가지 않는 것이 좋다. 이오를 보
며 드는 생각이다.

원시 지구를 닮은 타이탄

태양계의 천체 중에 가장 눈길을 끌어온 천체는 토성이다. 목성의 줄
무늬나 대적반도 특이하고 아름답지만 토성을 둘러싸고 있는 고리보
다는 덜 인상적이다. 물론 보이저호에 의해 목성이나 천왕성, 해왕성

에도 고리가 있는 것이 밝혀졌지만 다른 행성의 고리가 지상 관측으로는 볼 수 없을 만큼 작고 흐린 데 비해 토성의 고리는 소구경 망원경으로도 쉽게 볼 수 있을 만큼 크고 밝다.

토성의 고리에는 몇 개의 틈이 있는데 18세기의 천문학자인 카시니가 처음 발견하여 카시니 틈이라 부른다. NASA와 유럽 우주항공국인 에사(ESA)는 1997년 카시니와 네덜란드의 천문학자인 호이겐스의 이름을 딴 토성탐사선 카시니-호이겐스를 발사했다. 천체 주위를 돌도록 설계된 카시니는 2004년 7월 토성에 도착하여 토성 주위를 돌고 있고, 2004년 12월에는 호이겐스 탐사선을 카시니로부터 분리시켜 토성의 위성인 타이탄으로 보냈다. 호이겐스는 20일을 순항하여 타이탄에 도착한 후 낙하산을 이용하여 타이탄의 두꺼운 대기를 뚫고 표면에 안착하였다. 이로써 호이겐스는 인간이 만든 탐사선 중 가장 멀리 있는 천체에 착륙하여 관측을 수행하고 있는 탐사선이 되었다.

카시니 탐사선이 토성에 접근하며 찍은 토성의 모습이다. 고리 가운데에 있는 카시니 틈이 뚜렷이 보인다.

카시니-호이겐스 탐사선은 가장 진보된 우주탐사선답게 18개의 기기를 싣고 있어 토성의 고리와 작은 달의 조사는 물론 타이탄의 대기와 지표를 조사하는 임무를 수행하고 있다. 많은 발견들 중 한 가지는 타이탄이 지구와 같은 과정을 겪었으리라는 것이고 현재의 모습이 지구의 초기 상태와 비슷하다는 것이다.

태양계의 위성 중 유일하게 대기를 가지고 있는 타이탄은 여러 점에서 관심을 끈다. 타이탄은 지구의 달보다 50% 정도 더 크고, 80% 정도 더 무겁다. 크기로 보면 모든 태양계의 위성 중 목성의 위성인 가니메데 다음으로 큰 위성이다. 지금 타이탄을 탐사하고 있는 탐사선의 이름을 호이겐스라고 명명한 것은 이유가 있다. 바로 17세기 네덜란드의 천문학자인 호이겐스가 타이탄을 최초로 발견했기 때문이다.

타이탄의 대기는 주로 질소로 되어 있으나 메탄과 에탄 구름도 발견되었다. 무엇보다 중요한 발견은 타이탄의 극지방에서 액체 상태로 있는 탄화수소를 발견한 것인데, 이는 지금까지 지구 밖에서 발견된 최초의 액체인 셈이다. 타이탄에는 바람과 비가 있고 이들에 의해 풍

타이탄의 대기를 관측하고 있는 호이겐스 탐사선의 모습이다. 타이탄은 토성의 위성으로서 지구처럼 주로 질소로 된 대기를 가지고 있으며 대기압이 지구보다 더 크다.

화와 침식이 일어난 모습이 관측되고 있다. 비록 온도는 낮지만 지표와 지표 밑에 액체가 있고, 질소로 된 대기를 가지고 있다. 타이탄은 미생물 같은 외계 생명체가 살고 있거나, 복잡한 유기화합물이 풍부하여 생명체가 태어날 수 있는 환경을 가진 천체로 생각된다. 즉, 원시 지구와 비슷한 환경이 타이탄에서 발견되고 있는 것이다.

지구를 위협하는 소행성

소행성은 화성과 목성 사이에서 태양 주위를 돌고 있는 작은 천체들로 알려졌지만 최근 많은 소행성이 해왕성 궤도 바깥에 있는 카이퍼 대에 있는 것이 관측되었다. 화성과 목성 사이에 있는 소행성은 원에 가까운 타원 궤도를 돌고 있는데 한 번씩 궤도가 주변의 영향을 받게 되면 지구 쪽으로 접근하기도 한다. 2008년 1월에도 지구로부터 약 50만km까지 접근하였다.

태양계의 원시 원반에서 행성이 되고 남은 물질들이 목성의 중력 때문에 크게 자라지 못한 채 태양 주위를 돌고 있는 천체를 소행성이라 한다. 대부분 크기가 작으나 지름이 수백km에 달하는 것도 있다. 1991년 목성을 향하던 갈릴레오 탐사선이 촬영한 가스프라 소행성을 보면 표면에 작은 구덩이가 많은데 이것은 가스프라보다 작은 천체들과의 충돌에 의해 생긴 것이다. 5km×7km 크기의 가스프라에 100개 이상의 구덩이 흔적이 있는 것을 보면 충돌한 천체의 크기는 대부분 수십m 이하라는 것을 알 수 있다. 또한 이 작은 천체들의 수로 추론해

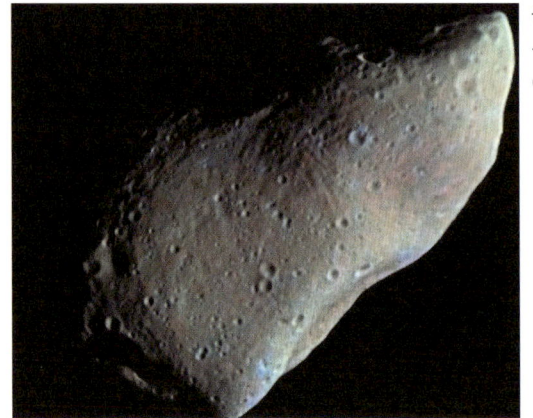
근접 촬영에 성공한 최초의 소행성 가스프라이다. 많은 운석구덩이가 선명하게 보인다.

보면 가스프라가 있는 소행성대 안쪽 부근에 이러한 작은 소행성들이 무수히 많이 있음을 알 수 있다.

소행성이 최근 관심을 끌게 된 것은 이들의 수가 생각보다 많고 이들이 지구를 위협할 수도 있기 때문이다. 현재까지 발견된 소행성만 기준으로 볼 때 수십 년 정도의 가까운 미래에 소행성이 지구와 충돌할 가능성은 없지만, 문제는 우리가 그 존재와 궤도를 파악하지 못한 소행성이 더 많다는 데 있다. 크기가 1km 정도의 소행성은 100만 개 이상이라고 생각되는데 이들 중 하나가 지구와 충돌한다면 공룡의 멸종 때와 같은 지구적인 대재앙이 올 수 있다.

따라서 무엇보다 시급한 일은 지구에 가까이 올 수 있는 소행성을 모

두 발견하여 이들의 궤도를 정확하게 파악하는 것이다. 이처럼 지구에 가까이 올 수 있는 소행성과 같은 천체를 지구근접천체라 부르는데 선진국에서는 최근 이러한 지구근접천체의 조기 관측을 위해 다양한 계획을 세우고 있다.

만일 가까운 미래에 대재앙을 가져올 소행성이 발견된다면 우리는 어떻게 해야 할까? 공상 과학 영화에서나 나올 만한 일이 수십 년 내에 벌어지지 않으리란 보장은 없다. 여러 가지 방법이 제안되었지만 가장 현실적인 방법은 지구에 가까이 오기 전에 이를 요격하여 작은 파편으로 만드는 것이다. 작은 파편이 된 후 지구에 떨어진다면 대부분은 지구의 대기에서 타버릴 것이기 때문에 우리는 멋진 유성우를 보며 안도의 숨을 내쉴 수 있을 것이다.

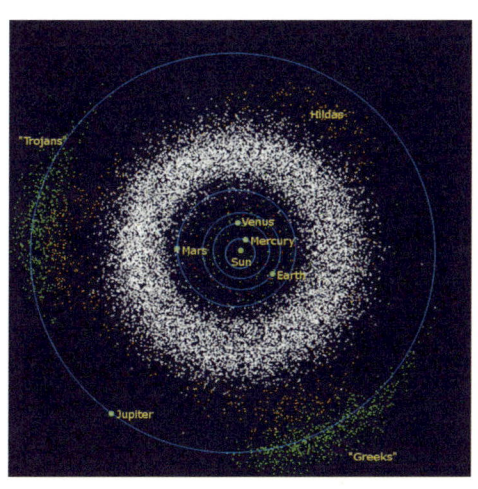

화성과 목성 사이에 있는 소행성대의 모습이다. 대부분은 조약돌 정도의 크기지만 지름이 1km보다 큰 것도 있다. 알려진 것만 해도 4만 개 정도에 이른다. 이 중 약 3,000개의 소행성은 지름이 240km보다 크고 위성을 가진 것도 있다.

빛의 파노라마,
별과 성운

태양계를 벗어나 이제 별들의 세계로 들어가 보자. 별들도 사람과 같이 태어나는 순간이 있고 죽는 순간이 있다. 별과 별 사이에는 성간 물질이 있는데 흩어져 있기도 하고 모여서 구름을 만들기도 한다. 별은 바로 이 성간물질에서 태어나고, 죽으면 다시 성간물질로 되돌아간다.

수소 폭탄과 별의 에너지원

밤하늘의 별들은 그야말로 보석 같다. 도시에서야 이런 느낌이 들지 않겠지만 도시에서 멀리 떨어져 도시 불빛의 영향이 없는 한적한 시골에서 밤하늘을 보면 캄캄한 하늘에 보석처럼 박힌 별들이 주는 우주의 신비에 눈을 뗄 수 없다. 특히 은하수가 잘 보이는 여름철이라면 더할 나위 없이 '별이 빛나는 밤' 이다.

이렇게 밤하늘을 수놓는 별들은 어떻게 빛날 수 있는 것일까? 별이 빛

우주의 신비 속으로
Go! Go!

나는 것은 태양이 빛을 내는 것과 같은 원리다. 즉, 태양도 별이라는 얘기다. 다만 태양은 가까이 있어서 밝은 것이고 별은 멀리 있어서 흐리게 보일 뿐이다.

태양 에너지는 꿈의 에너지라 부르는 수소 연소 에너지다. 우리나라뿐만 아니라 선진국에서는 미래의 청정에너지원으로 수소 연소, 즉, 수소의 핵융합 반응을 이용하여 에너지를 얻으려 한다. 문제는 수소 핵을 융합시키는 데 필요한 1,000만K 정도의 온도를 어떻게 얻느냐 하는 것이다.

수소 핵융합 반응에서는 4개의 수소 원자가 융합하여 헬륨으로 바뀌면서 에너지가 나오는데, 수소 원자의 핵은 양성자이기 때문에 서로 가까이 가면 전기력으로 강하게 밀어낸다. 이 밀어내는 힘을 극복하기 위해 수소 원자들이 아주 빠르게 움직여야 하는데 이때 필요한 에너지를 별의 내부에서는 중력 수축으로부터 얻을 수 있다. 수소 폭탄에서는 이 에너지를 원자폭탄을 이용하여 얻는데 이때 막대한 방사능이 나오게 되므로 청정에너지를 얻기 위한 수단으로는 사용할 수 없는 것이다.

별은 생애의 대부분을 별 중심부에서 일어나는 수소 연소에 의해 빛나게 되지만 중심부의 수소가 다 타고 나면 에너지원이 바뀌게 된다. 별의 질량에 따라 다르긴 하지만 수소 다음엔 헬륨이 타고 그 다음엔 탄소나 산소가 탄다. 질량이 아주 큰 별은 별의 중심부가 일련의 핵반응을 거쳐 철(Fe)로 바뀔 때까지 계속 원자핵 반응이 일어나 빛을 내게 된다.

별의 중심부에서 수소의 핵융합 반응이 일어나는 기간은 전체 일생의 90% 정도이며 별의 질량에 따라 그 길이가 다르다. 질량이 큰 별은 가진 에너지도 많지만 에너지 소모율도 커서 수명이 짧고, 질량이 작은 별은 에너지를 서서히 소모하기 때문에 오랜 기간 빛을 내며 별로서의 생애를 누릴 수 있다.

가장 수명이 짧은 별도 인류의 역사보다는 훨씬 길다. 그렇다면 천문학자들은 별의 수명을 어떻게 알 수 있을까? 별이 빛을 내는 원리를 알고 있기 때문에 가능한 일이다. 즉, 별의 질량을 알면 수소 핵융합으로 방출할 수 있는 에너지의 총량을 계산할 수 있고, 별을 관측하여 1초에 방출하는 에너지인 광도를 측정하면 별의 수명을 쉽게 구할 수 있다.

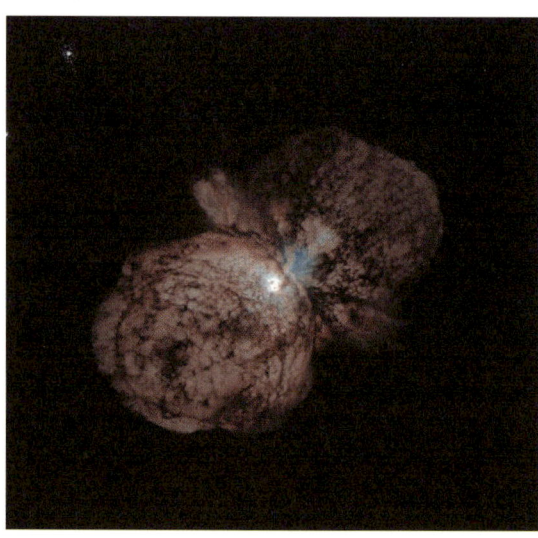

허블 우주망원경이 찍은 에타 카리나의 모습이다. 에타 카리나는 겨울철 남쪽 하늘에서 낮게 보이는 별자리인 용골자리에 있는 질량이 큰 별로 언제 초신성으로 폭발할지 모른다.

우주의 신비 속으로
Go! Go!

별의 탄생과 성간구름

밤하늘의 별을 보며 별과 별 사이 물질이 있다는 것을 상상하기란 쉽지 않다. 그러나 별과 별 사이는 진공상태가 아니라 물질이 있는데 이를 성간물질이라 한다. 성간물질은 가스와 티끌로 되어 있으며 구름의 형태로 모여 있기도 한다. 은하수를 따라 유독 밝고 푸른 별들이 많이 있는 것은 성간물질이 은하수에 몰려 있어 성간구름이 많고 여기서 새로운 별이 태어나기 때문이다. 별이 태어나기 위해서는 성간구름이 자체의 중력에 의해 수축할 수 있을 정도로 밀도가 커야 하는데 밀도가 높은 대신 온도는 낮아서 주변의 성간물질과 압력 평형을 이룰 수 있다.

별이 태어나는 성간구름의 밀도는 물 1cc가 차지하는 부피에 수소 원자가 1만 개 정도 있는 것이다. 지구의 기준으로는 거의 진공에 가까운 상태다. 이러한 성간구름의 온도는 절대 온도로 10K 정도인데, 이런 온도에서는 원자들이 결합하여 분자 상태로 있을 수 있어 성간구름에는 각종 분자들이 발견된다. 이러한 분자구름은 주로 전파 영역에서 빛을 방출하기 때문에 전파망원경으로 관측해야 한다.

분자구름 속에서 질량이 큰 별이 태어나면 여기서 나온 빛이 주변의 수소 원자를 데워 빛을 낼 수 있다. 우리가 잘 아는 오리온성운도 거대한 분자구름이며,

> 별과 별 사이는 진공상태가 아니라 물질이 있는데 이를 성간물질이라 한다.

그 속에서 별이 만들어지고 있고 스스로 빛을 낸다. 오리온성운이 빛을 낼 수 있는 것은 성운 속에 막 태어난 질량이 큰 별이 있기 때문이다. 질량이 큰 별은 온도가 높아 자외선을 많이 방출하여 주변의 수소 원자를 이온화시킨다. 이온화된 수소는 곧 주변의 자유 전자와 다시 결합하며 빛을 방출하게 된다. 이처럼 빛을 내는 성운을 방출 성운이라 부른다.

성간물질은 은하 전체 질량의 10% 정도다. 기체 상태의 성간가스와 고체 상태의 성간 티끌, 우주선 등으로 구성되어 있는데 성간가스가 전체 질량의 대부분을 차지한다. 성간물질도 별과 같이 모든 원소들이 다 있으며 화학조성도 별의 화학조성과 같이 수소 원자가 전체 질량의 75% 정도를 차지한다. 나머지 대부분은 헬륨 원자이고 그 밖의 모든 원소들은 전체 질량의 2%에도 미치지 못한다.

겨울철에 잘 볼 수 있는 별자리인 오리온자리에 있는 오리온성운으로 많은 별들이 지금도 새로 태어나고 있다. 질량이 큰 별에 의한 자외선이 주변의 중성 수소를 이온화시켜 방출성운으로 빛을 내 캄캄한 곳에서는 맨눈으로도 성운이 내는 빛을 어렴풋이 볼 수 있다.

우주의 신비 속으로
Go! Go!

인간은 별의 찌꺼기

천문학자들의 별에 대한 관심은 끝이 없다. 그만큼 별을 사랑한다는 얘기다. 별의 탄생도 새로운 생명체의 탄생과 같이 감격적인 일이지만 별이 암흑 속으로 사라져 갈 때도 매우 인상적이다. 때문에 천문학자들은 별이 죽음에 이르는 과정을 세밀하게 관찰하고 이로부터 자연이 보여주는 삶과 죽음의 대순환을 배운다.

별은 질량에 따라 수명이 다를 뿐 아니라 죽을 때의 모습도 다르다. 질량이 큰 별은 초신성의 형태로 격렬한 폭발과 함께 자기가 태어난 성간물질로 되돌아가며 생을 마감하고, 질량이 작은 별은 서서히 자신을 주변의 성간물질에 섞으며 조용히 암흑 속으로 사라진다. 어느 경

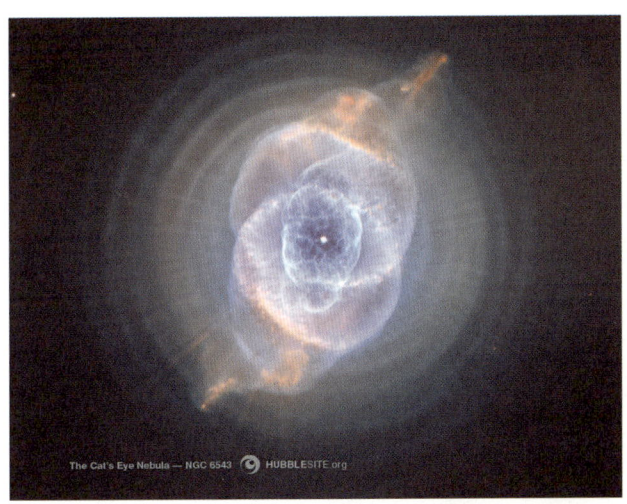

The Cat's Eye Nebula — NGC 6543 ⓒ HUBBLESITE.org

허블 우주망원경이 찍은 행성상 성운 NGC 6543의 모습이다. 행성상 성운은 질량이 작은 별이 진화하여 만들어진 것으로 원소마다 다른 파장에서 빛을 방출하기 때문에 다양한 색깔의 빛이 나온다.

우든 완전히 성간물질과 섞이기 전에 행성상 성운이나 초신성 잔해로 성운의 형태를 가지는데 별이 죽을 때 보여주는 성운의 모습이야말로 우리가 우주에서 볼 수 있는 가장 아름다운 모습일 것이다.

질량이 큰 별의 죽음은 우주를 구성하는 원소의 변화를 주도한다. 우주가 빅뱅에 의해 시작된 후 최초 3분간 수소나 헬륨 원자의 핵이 만들어졌다. 이들은 이후 별이나 은하를 만드는 물질이 된다. 수소와 헬륨을 제외한 모든 원소는 별의 내부에서 만들어져 별의 죽음과 함께 성간물질로 되돌아온 것이다. 질량이 큰 별은 우주의 나이에 비해 수명이 매우 짧기 때문에 탄생과 죽음을 수없이 되풀이하는 반면 질량이 작은 별은 수명이 길어 우주의 나이 동안 생성과 소멸의 순환을 몇 번 되풀이하지 못한다. 때문에 질량이 작은 별은 성간물질의 화학조

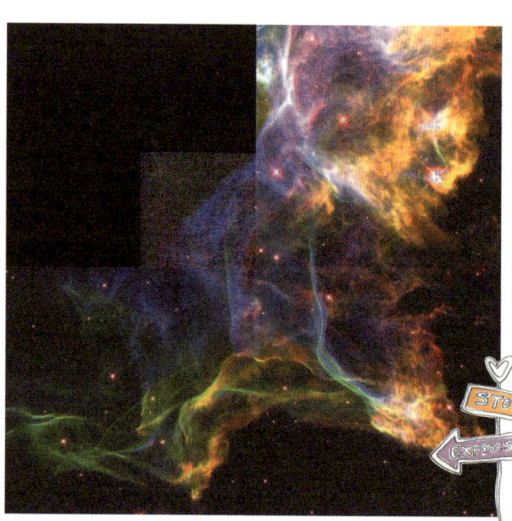

허블 우주망원경이 찍은 초신성의 잔해. 질량이 태양보다 10배 이상 큰 별은 모두 초신성으로 폭발하며 별을 이루던 대부분의 물질은 주위의 성간물질로 되돌아간다. 이때 별 속에서 만들어진 각종 원소도 함께 성간물질에 섞여 다음 세대 별의 원료가 된다.

우주의 신비 속으로
Go! Go!

성을 바꾸는 데 그다지 기여하지 못한다. 더구나 별의 내부에서 핵융합 반응으로 생성되는 원자의 종류도 몇 개 되지 않고 만들어진 원자의 일부분만을 성간물질로 내놓는다.

우리 몸을 이루고 있는 원소의 대부분은 과거에 별을 이루고 있던 원소들이었거나 별에서 만들어져 별의 죽음과 함께 성간물질로 되돌아온 물질들이다. 우주에서 은하계가 만들어진 후 수십억 년이 지나 성간구름에서 태양이 만들어졌고, 이때 지구가 함께 만들어졌으니 우리는 별의 찌꺼기로 만들어진 셈이다. 천문학자는 별의 일생에 대한 연구를 통해 우주의 진화 속에서 별이 어떻게 만들어지고 죽는지, 또 별의 죽음과 삶이 어떻게 연관되어 있는지를 이해하려 한다. 별의 일생이야말로 삶과 죽음이 되풀이되는 것이니 우리도 별의 삶을 따른다면 삶과 죽음의 윤회를 되풀이할 수 있을지도 모른다.

별이 죽을 때 보여주는 성운의 모습이야말로 우리가 우주에서 볼 수 있는 가장 아름다운 모습일 것이다.

성단, 별들의 공동체

별들도 사람처럼 함께 어우러져 사는 것을 좋아하나 보다. 별들이 이렇게 어우러져 살게 된 것은 탄생 배경에서 연유한다. 별들은 하나씩 낱별로 생성되기도 하지만 대부분 성간구름으로부터 수백 개에서 수십만 개씩 한꺼번에 태어나게 된다. 집단으로 태어나 생성된 천체를 성단이라 부른다.

성단을 구성하는 별들은 동시에 태어나지만 저마다 다양한 크기와 질량을 가진다. 앞에서도 설명했지만 별의 일생은 태어나는 순간에 갖게 되는 질량에 의해 결정되기 때문에 별의 질량을 알면 성단의 나이를 알 수 있다.

성단은 그 모양에 따라 구상성단과 산개성단의 두 가지로 분류된다. 구상성단은 그 이름에서 알 수 있듯이 별들이 공 모양을 이루며 매우 조밀하게 모여 있다. 산개성단은 보다 느슨한 형태로 별들이 모여 있다. 구상성단은 보통 수만 개에서 수십만 개의 별로 구성되어 있고 산개성단은 수백 개 또는 수천 개의 별로 되어 있다.

낱별로 있는 별들의 경우에는 별의 크기가 별 사이의 거리에 비해 대단히 작다. 때문에 두 개의 낱별이 서로 에너지를 주고받을 수 있을 정

우리은하 중심에 있는 구상성단의 모습이다. 밝고 다소 붉게 보이는 별들이 바로 거성이다. 구성성단은 나이가 많아 별들이 이미 에너지를 충분히 교환하여 이완 상태에 놓여 있다. 허블 우주망원경의 높은 분해능으로 인해 성단 중심부의 별도 대부분 분해되어 보인다.

우주의 신비 속으로
Go! Go!

도로 가깝게 접근할 가능성은 거의 없다. 그러나 성단의 경우는 이야기가 달라진다. 좁은 공간에 별들이 밀집해 있다 보니 서로 빈번하게 조우하며 에너지를 주고받게 된다. 인간사회처럼 활발한 교류도 생기고 차이도 발생하는 것이다.

별들이 서로 에너지를 주고받다 보면 결국 모든 별들의 운동에너지가 같아지는 이완 상태에 이르게 된다. 이완된 성단은 그렇지 않은 성단에 비해 뚜렷한 구조적 차이를 가진다. 질량이 큰 별들은 주로 성단의 중심부에 모이게 되고, 질량이 작은 별들은 바깥으로 밀려나게 된다. 바깥으로 밀려난 별 중에서 속도가 충분히 커진 일부의 별은 성단에 묶여있지 않고 성단을 벗어나게 된다. 인간 사회도 성단과 크게 다르지 않다. 여러 가지로 무게감이 있는 사람은 사회의 중심에서 중요한 역할을 하게 되고, 속박을 싫어하는 사람은 자유를 찾아 바깥으로 맴돌게 된다.

작을수록 무거운 별

별들의 세계에는 신비한 것이 많다. 백색왜성이라 불리는 천체도 그 중 하나다. 백색왜성은 보통의 별과 달리 죽어가는 별이다. 태양도 먼 훗날에는 백색왜성이 될 것이다. 태양 정도의 질량을 가지는 별이라면 어느 것이나 맞이하게 되는 자연스러운 별의 종말인 셈이다.

백색왜성의 대표적인 예는 밤하늘에서 가장 밝은 별인 시리우스의 동반성이다. 육안으로는 시리우스의 밝은 빛에 가려 보이지 않지만 분

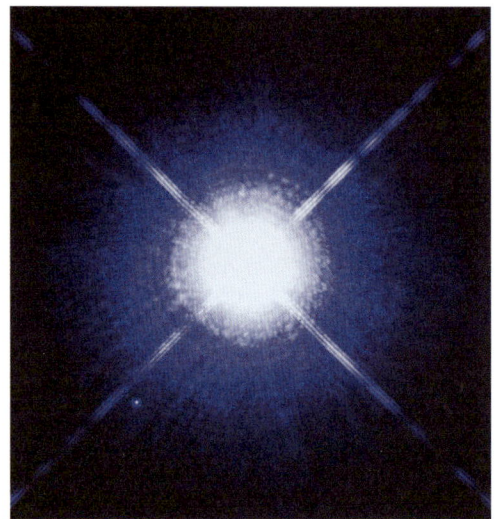

밤하늘에서 가장 밝은 별인 시리우스와 동반성이다. 왼쪽 아래에 있는 작은 흰 점이 백색왜성인데, 허블 우주망원경이 아니면 찍을 수 없는 사진이다.

해능이 좋은 망원경으로 찍은 사진을 보면 시리우스 왼쪽 아래에 작은 흰 색의 별을 볼 수 있는데 이것이 시리우스의 동반성인 백색왜성이다.

질량이 작은 별은 거성 단계를 지나면 에너지가 생성되는 영역이 중심부에서 바깥으로 진행되면서 별의 내부가 불안정해져 별의 바깥 부분이 조금씩 별에서 떨어져 나간다. 이렇게 별에서 방출된 물질로 만들어진 성운이 행성상 성운이고 중심에 남은 천체가 백색왜성이 되는 것이다.

백색왜성이란 이름은 이들이 뜨겁고 작기 때문에 붙여졌다. 보통 태양 크기의 1/100보다 작으며 이들의 표면 온도는 수만K에 이른다. 백색왜성은 특별한 에너지원이 없기 때문에 별의 내부에 남아있는 에너

우주의 신비 속으로
Go! Go!

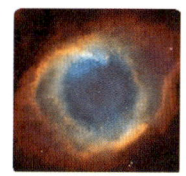

행성상 성운과 백색왜성으로 성운의 가운데 있는 하얀 별이 백색왜성이다. 성운이 빛을 낼 수 있는 것은 백색왜성으로부터 에너지를 받아 성운을 이루는 가스가 뜨거워졌기 때문이다.

지가 다 빠져나가면 더 이상 빛을 내지 못하고 흑색왜성이 되어 어둠 속으로 사라지게 된다.

하지만 모든 백색왜성이 조용히 어둠 속으로 사라지는 것은 아니다. 이것은 백색왜성이 거성과 같은 동반성을 가지지 못했을 때의 이야기다. 만일 백색왜성의 주변에 동반성이 있고 이 동반성으로부터 물질이 유입되어 백색왜성의 질량이 증가해 태양 질량의 1.4배에 도달하게 되면 백색왜성은 초신성으로 폭발하여 수천억 개의 태양이 내는 빛과 맞먹는 에너지를 방출하게 된다.

천문학자들이 백색왜성에 주목하는 것은 이들이 가지는 구조적 특성 때문이다. 백색왜성의 밀도는 매우 커서 찻숟가락으로 한 숟가락이면 그 질량이 수 톤에 이른다. 또 백색왜성은 다른 별과 달리 질량이 커질수록 반경이 작아진다. 백색왜성의 이러한 물리적 특성은 백색왜성을 이루는 물질들이 원자 규모에서 서로 닿을 만큼 가까이 있기 때문에 생긴다. 이러한 상태를 축퇴 상태라 한다.

별의 내부가 축퇴 상태가 되면 질량이 많아질수록 별의 크기는 작아지게 된다. 사람도 마찬가지지만 별들도 보통 질량이 많으면 그 크기도 커지게 마련이다. 그러나 백색왜성의 경우에는 이와 반대이니 사람으로 치면 참으로 겸양지덕을 갖춘 별이라 할 만하다. 우리는 왜 백색왜성의 이런 겸양을 배우지 못할까? 질량이 큰 백색왜성일수록 오히려 작아지는 겸양을 보이듯 강대국도 지배력의 확장 정책 대신 스스로를 낮추는 미덕을 가질 수는 없는 것일까? 아마 별들처럼 수십억 년을 기다려야 이러한 지혜가 생기는 모양이다.

은하수와 오작교

은빛 강을 뜻하는 은하수는 우리가 살고 있는 우리은하계의 다른 이름이다. 태양이 은하 평면 위에 놓여 있기 때문에 우리가 은하 평면을 따라 바라보면 수많은 별들이 서로 겹쳐 보여 별 개개가 구별되지 않고 그냥 뿌옇게 보인다. 이러한 은하수를 서양에서는 우윳빛 길이라 불렀다.

여름밤 은하수를 보고 있노라면 문득 견우와 직녀의 전설이 떠오른다. 견우와 직녀는 일 년 내내 떨어져 있다가 칠석날에나 오작교를 건너 만날 수 있었다고 한다. 목동인 견우와 옥황상제의 외동딸인 직녀로 상징되는 신분의 벽을 뛰어넘은 사랑이야기다.

이들의 슬픈 사랑이야기가 어떻게 견우성과 직녀성을 통하여 구현될수 있었을까? 견우성과 직녀성을 자세히 관측해 보면 우리 조상들이 얼마나 천체를 자주 정확하게 관측하였는지를 알 수 있다. 실제 견우성과 직녀성 사이의 거리는 변하지 않는데 이것을 보는 위치에 따라 이들 사이의 거리가 다르게 보인다. 즉, 저녁에 별을 본다고 가정하면

우주의 신비 속으로
Go! Go!

북반구에서 찍은 은하수의 모습이다. 은하수 가운데에 몰려 있는 띠끌에 의해 뒤에 있는 별빛이 가려져 검게 보인다.

봄이나 가을에는 견우성과 직녀성이 지평선 가까이에서 보이게 되고 칠월 칠석을 전후한 여름철에는 이들의 고도가 높아져 중천에서 보인다.

천체가 지평선 가까이 있을 때는 지평선 부근의 달이 하늘 중천의 달보다 커 보이듯이 두 천체 사이의 거리가 중천에 있는 경우보다 더 떨어져 있는 것처럼 보이게 된다. 칠석날 보이는 견우성과 직녀성은 이 때문에 다른 계절에 보일 때보다 더 가까이 있는 것처럼 보이는 것이다. 우리 조상들은 이를 감지하고 오작교 전설을 만들어냈다. 우리 조상들이 오작교 전설을 만들 수 있었던 것은 별을 보는 것을 생활화하였기 때문에 가능했다.

은하수가 한 번 더 사람들의 주목을 받은 것은 전파관측에 의해 은하수의 중심에서 알코올 분자를 포함한 수많은 분자들이 발견되었기 때문이다. 이태백이 살아 있었다면 달을 벗 삼기보다 은하수를 벗 삼아 술과 노래를 즐겼을지 모를 일이다.

우주의 대부분은 중성 수소와 헬륨 원자로 되어 있지만 별에서 만들어져 성간물질로 되돌아온 탄소나 산소 같이 무거운 원자들도 약간 섞여 있다. 생명체가 발현하기 위해서는 복잡한 구조의 분자들이 필요한데, 아미노산을 만들 수 있을 만큼 복잡한 분자들이 은하수에 있는 거대 분자운에서 많이 발견되어 외계 생명체의 존재 가능성을 한층 더 높여주었다.

은하수는 별이 태어나는 장소이며 죽는 장소이다. 은하수는 별의 보고일 뿐 아니라 술의 보고이다. 은하수를 보고 술을 마시고 시를 읊었던 우리네 선조들은 은하수가 무한한 술의 보고임을 마음으로 이미 알고 있지 않았을까.

우주의 비밀을 간직한 은하의 세계

자, 이제 은하의 세계로 가보자. 별이나 성간물질에 대한 연구가 우리은하계에 있는 천체들에 대한 연구라면 은하의 연구는 우주를 이루는 기본 구성체에 대한 연구로 현대천문학의 핵심적 분야다. 물질을 이해하기 위해 원자를 알아야 하듯이 우주를 이해하기 위해 은하의 세계를 살펴보자.

은하의 발견과 우주의 팽창

천문학자들이 은하를 발견한 것은 100년도 채 되지 않았다. 물론 칸트는 18세기에 이미 섬우주론을 생각하여 우리은하 이외에도 많은 은하가 있으리라 생각하였지만 이는 추론에 근거한 것이고 실제 은하를 관측한 것은 아니었다.

1926년 허블이 당시 안드로메다 성운으로 부르던 천체가 은하라는 것을 밝힘으로써 외부 은하의 존재가 알려졌고 본격적인 은하 연구가

우리은하계로부터 250만 광년 떨어져 있는 안드로메다 은하이다. 안드로메다은하 역시 우리은하계처럼 나선은 하이다. 허블이 이 은하 속에 있는 별을 관측하여 이 천 체가 외부 은하임을 알 수 있었다.

시작되었다. 물론 그전에도 이미 천문학자들은 은하를 관측해 왔다. 다만 그들이 보고 있는 천체가 은하인지를 몰랐을 뿐이다. 대표적인 예는 주로 19세기에 활동했던 프랑스 천문학자 메시에의 관측으로 그는 10㎝ 정도의 작은 망원경으로 천체를 관측하여 별이 아닌 103개의 천체 목록을 만들었다. 그가 이 목록을 만들 때는 몰랐지만 이 속에 있는 천체 중 성운으로 불렸던 천체의 상당수가 사실은 은하였던 것이다.

허블이 1926년 은하를 발견할 수 있었던 것은 그가 당시 세계 최대였던 구경 2.5m의 망원경을 독점하여 사용할 수 있었기 때문이다. 이는 현재 우리나라에서 가장 큰 망원경인 보현산 천문대의 1.8m보다 더 큰 크기이다. LA 근교인 윌슨산 천문대에 설치된 세계 최대의 망원경으로 그는 당시 안드로메다 성운이라 불리던 곳에서 별을 분리해 내고 마침 그 별이 거리를 알 수 있는 종류의 별이었기 때문에 안드로메다까지의 거리를 알 수 있었다. 이렇게 알게 된 안드로메다의 거리는 당시 알려진 우리은하의 크기보다 훨씬 더 멀어서 안드로메다가 우리은하계 내의 천체일 수 없음을 알 수 있었고, 이로써 20세기 초를 뜨

우주의 신비 속으로
Go! Go!

겁게 달구었던 섬우주론 논쟁을 종식시킬 수 있었다.

허블은 연구를 계속하여 당시 성운으로 알려졌던 성운들의 대부분이 안드로메다은하와 유사한 은하들임을 밝혀내었고 더 많은 은하들에 대해 사진 관측을 수행하여 은하 연구의 기틀이 되는 은하의 분류 체계를 확립하였다. 1930년대에 허블이 고안한 은하의 분류 체계는 다소 보완되긴 했지만 큰 틀은 유지된 채 오늘날에도 은하 연구의 중요한 도구로 사용되고 있다.

허블은 은하의 사진을 찍어 은하의 모양을 조사했을 뿐 아니라, 은하의 스펙트럼을 얻기 위한 분광 관측도 수행하였다. 스펙트럼이 붉은색 쪽으로 치우쳐 나타나는 것을 스펙트럼의 적색이동이라 하는데 이것은 광원이 관측자로부터 멀어질 때 생기는 현상이다. 허블은 은하의 적색이동으로부터 모든 은하들이 우리로부터 멀어지고 있다는 사실을 알 수 있었다. 더욱 허블의 흥미를 끈 것은 멀리 있는 은하일수록 후퇴속도가 커진다는 것이었는데 이것은 우주가 팽창하고 있어야만 가능한 현상이었다. 즉, 우주의 팽창을 발견한 것이다.

우주가 팽창하고 있다는 사실은 우리의 우주관을 획기적으로 바꾸었다. 팽창하고 있는 우주를 거슬러 올라가면 우주의 크기가 점점 작아져 결국 우주의 모든 물질이 한 점에 모이는 때가 있게 되며, 우주라는 시공간은 이때부터 존재하게 되었음을 유추할 수 있다. 즉, 우주란 예나 지금이나 같은 모습으로 있는 정적인 존재가 아니라 시작이 있고 시간이 지남에 따라 모습이 변하는 동적인 존재인 것이다.

은하도 유유상종

은하는 별과 성간물질로 이루어진 거대한 물질계다. 허블이 외부 은하의 존재를 밝히기 전에는 우리가 살고 있는 은하계가 우주 전체라고 생각할 정도로 크고 수많은 별을 담고 있었다. 그러나 허블이 밝혔듯이 우리가 살고 있는 은하계는 수많은 은하 중 하나에 불과하며 이들의 모양도 다양한 것으로 알려졌다.

우리은하는 형제 은하인 안드로메다처럼 나선팔을 가지고 있는 나선은하다. 최근에는 핵을 가로지르는 막대의 존재가 확인되어 막대 나선은하로 분류된다. 우리은하 가까이에는 마젤란이 항해 중에 발견하여 마젤란 성운이라 불렀던 대마젤란, 소마젤란은하와 함께 이들보다 훨씬 작은 10여 개의 왜소은하들이 있다. 이들은 모두 우리은하 주위를 돌고 있는 우리은하의 위성은하들이다. 우리은하에 딸린 위성은하 중 가장 큰 대마젤란은하는 막대나선은하이고 그 다음으로 큰 소마젤란은하는 불규칙 은하이다. 그 외의 모든 위성은하들은 타원형이거나 불규칙한 모양을 가지고 있는 왜소은하들이다.

우리은하계에서 250만 광년 떨어진 곳에는 안드로메다은하가 있다. 우리은하계와 같은 나선은하인데 좀 더 밝다. 안드로메다은하 주변에도 10여 개의 위성은하들이 있다. 이들 중 가장 밝은 은하는 M33이라는 은하로 메시에가 안드로메다와 함께 볼 수 있었던 은하다. 나선은하인 M33을 제외하면 다른 위성은하들은 우리은하계의 위성은하처럼 작은 타원은하이거나 작은 불규칙은하들이다. 즉, 안드로메다와

우주의 신비 속으로
Go! Go!

우리은하는 위성은하계를 가진 주인 은하인 셈이며, 이처럼 큰 은하 주변에 작은 위성은하들이 돌고 있는 것이 은하 세계의 일반적인 모습이다.

우리은하계와 안드로메다은하는 주변의 위성은하들을 이끌고 마치 쌍성처럼 서로의 주변을 돌고 있다. 이 전체를 가리켜 국부 은하군이라 부른다. 국부 은하군의 우두머리 자리를 놓고 우리은하계와 안드로메다은하가 경합을 벌이고 있으나 크기나 질량 등에서 큰 차이가 없어 두 은하가 각각의 위성은하를 거느리며 분할 통치를 하는 수밖에 없어 보인다.

국부 은하군은 수백 개 은하단으로 이루어진 처녀자리 초은하단의 변방에 있으며 처녀자리 초은하단의 중심을 향해 초속 수백km/s의 빠른 속도로 떨어지고 있다. 처녀자리 초은하단의 중심에는 수천 개의 은하로 된 처녀자리 은하단이 있으며 우리은하로부터 5,000만 광년 떨어져 있다.

최근 관측에 의하면 우리은하계 정도로 큰 대부분의 은하들은 위성은하를 가지고 있다. 다만 이들이 우리로부터 멀리 떨어져 있고, 이들에 속한 위성은하 중 가장 밝은 한 두 개의 은하를 제외하면 대부분이 왜소은하라 관측이 어려워 발견되고 있지 않을 뿐이다.

우리가 살고 있는 은하계는 수많은 은하 중 하나에 불과하며 이들의 모양도 다양한 것으로 알려졌다.

우리은하계의 위성은하인 대마젤란은하로 남반구 하늘에서 볼 수 있으며 흔히 LMC라 부른다. 대마젤란은하는 빛의 속도로 갈 때 약 16만 년 걸리는 거리(16만 광년)에 있다.

위성은하와 관련하여 재미있는 것은 대부분의 위성은하계에서 위성은하의 형태가 모은하의 형태를 닮는다는 것이다. 물론 위성은하 중 가장 큰 한 두 개의 위성은하에 국한되는 얘기지만 은하의 세계에서도 유유상종이다. 인간 세상에서도 유유상종이라 하지 않은가. 은하의 세계를 보더라도 가까이 있으면 서로 닮기 마련이니 그래서 이왕이면 좋은 사람을 사귀라는 말이 있는 모양이다.

먹고 먹히는 은하의 세계

약육강식의 생존 게임은 천체들 사이에도 존재한다. 바로 은하 이야기다. 우주를 이루는 기본 구성 요소인 은하가 이 같은 생존 게임의 산물이다.

허블에 의해 은하가 발견된 이래 은하는 거대한 가스 구름이 중력에 의해 수축하여 만들어진다고 생각해 왔다. 타원은하는 원시 은하 구름 전체가 한꺼번에 급격히 수축하여 만들어진 것이고 나선은하는 구름의 중심부가 수축하여 중앙부분이 만들어진 후 나머지 물질들이 천

우주의 신비 속으로
Go! Go!

천히 수축하여 원반을 만들었다는 것이다. 그러나 1980년대 이후에는 은하의 생성이 이렇게 단순하지 않고 은하 생성의 초기에 작은 은하들 사이에 병합이 활발히 일어나 타원은하나 나선은하와 같은 큰 은하가 만들어진다는 생각이 널리 받아들여지고 있다.

은하들 사이의 병합에 의해 만들어진 은하의 가장 좋은 예는 바로 초거대 타원은하들이다. 은하가 수백 개 이상 모여 집단을 이루는 은하단의 중심부에서 볼 수 있는 이 초거대 타원은하는 은하단의 중심부에서만 관측된다. 이는 은하들의 밀도가 높아 충돌이 빈번하게 일어나 쉽게 생성되기 때문이다.

초거대 타원은하가 만들어지는 과정은 고대 국가들이 몸집을 불리는 것과 비슷하다. 우선 두 은하의 충돌에 의해 다소 큰 은하가 생성되면 충돌 면적과 중력이 커지기 때문에 더욱 쉽게 다른 은하를 병합시킬 수 있게 된다. 이렇게 커지기 시작한 은하는 주변에 있는 은하들을 하나씩 먹어 결국 한 개의 큰 은하로 남게 된다.

이 같은 일은 타원은하뿐 아니라 나선은하에서도 마찬가지다. 나선은하의 핵을 둘러싸고 있는 밝은 부분은 타원은하의 축소판과 같다. 즉 나선은하의 중앙 팽대부가 만들어지는 과정에서도 주변의 작은 은하들을 많이 병합한다.

두 은하가 충돌하여 병합이 일어나고 있는 은하의 모습이다. 우주에는 이런 은하들이 많이 있으며 은하 생성 초기에 많은 은하들이 이런 과정을 겪은 것으로 생각된다.

그러나 은하 생성 초기에는 은하 사이의 격렬한 충돌로 인해 약육강식이 성행하지만 어느 정도 은하가 생성된 후에는 큰 은하와 작은 은하가 공존하며 조화를 이룬다. 지금 우리은하계 주변을 보면 10여 개의 작은 위성은하들이 우리은하계의 주위를 돌고 있다. 이들은 우리은하계에 먹히지 않고 공존하고 있는 은하들이다. 물론 많은 시간이 지나면 위성은하의 일부는 우리은하계에 먹힐 수 있다. 그러나 대부분의 위성은하들은 적어도 가까운 장래까지는 우리은하의 주위를 돌며 국부 은하군의 당당한 구성원으로 살아갈 것이다.

블랙홀과 퀘이사

밤하늘에 있는 아름답고 신비한 천체 중 우리의 호기심을 가장 많이

우주의 신비 속으로
Go! Go!

끄는 천체는 단연 블랙홀이다. 블랙홀을 순수 우리말로 번역하면 검은 구멍이 되는데 검다는 말은 빛이 나오지 않기 때문에 붙여진 것이고 구멍이라는 말은 물질이 빠져들어 갈 수 있는 공간이란 뜻을 내포하고 있다.

블랙홀에는 크게 두 종류가 있다. 한 가지는 질량이 매우 큰 별이 진화의 마지막 단계에서 초신성의 폭발과 함께 생성되는 것이고, 다른 한 가지는 은하의 핵과 같이 밀도가 큰 영역에서 만들어지는 것이다. 은하의 핵에 있는 블랙홀은 질량이 태양의 백만 배에서 수십억 배에 이르는 초거대 블랙홀이다.

어느 경우나 블랙홀은 압력과 중력의 싸움에서 중력이 이겨 수축이 끝없이 진행되어 만들어지는 것인데 수축으로 밀도가 무한히 커지고 이에 따라 중력도 무한히 커져 빛조차도 빠져나올 수 없게 된다. 때문에 블랙홀은 스스로 빛을 낼 수 없어 직접 관측할 수는 없지만 블랙홀이 주변에 있는 천체에 영향을 미치기 때문에 이를 관측하면 블랙홀의 존재를 알 수 있다.

두 종류의 블랙홀 중에서 현대천문학의 핵심 의문인 은하의 생성과 관련된 것은 바로 은하의 핵에 있는 초거대 블랙홀이다. 이들은 우주에서 가장 밝은 천체인 퀘이사와 관련이 있다. 퀘이사는 1963년 미국의 천문학자 슈미트에 의해 발견됐으나 발견 후 30년 동안 그 정체를 밝혀내지 못한 신비의 천체다. 퀘이사의 가장 큰 특징은 적색이동이 크다는 것이다. 이는 퀘이사가 지구로부터 멀어지고 있다는 것을 의미한다. 퀘이사의 적색이동이 우주의 팽창에 의한 것이기 때문이다.

퀘이사는 은하보다 수십 배 이상 밝기 때문에 아주 먼 곳에 있는 퀘이사도 관측이 가능하다. 퀘이사의 크기는 1광년보다 작은데 은하보다 더 많은 에너지를 방출한다는 것은 그야말로 이해하기 힘든 문제였다.

은하의 밝기는 원자핵 합성에 의해서 에너지를 방출하는 별들의 광도를 합친 것이다. 따라서 은하보다 수만 배 이상 작은 퀘이사가 은하보다 많은 에너지를 방출하기 위해서는 원자핵 합성보다 더 효율적인 에너지 생성 방법이 있어야만 한다. 만일 퀘이사의 밝기가 별에서의 원자핵 합성에 의한 것이라면 퀘이사를 이루는 별들의 밀도가 거의 무한대가 되어야 하는데 별들이 이렇게 높은 밀도로 존재할 수는 없기 때문이다.

퀘이사의 에너지 원천에 대한 문제는 1990년대 퀘이사가 아주 멀리 있는 은하의 핵이라는 사실이 허블 우주망원경 관측으로 발견되면서 그 실마리를 찾게 되었다. 만일 은하의 핵에 태양 질량의 수억 배가 되는 초거대 블랙홀이 있다면 이 초거대 블랙홀의 강력한 중력장이 주

변의 별들을 집어삼켜 중력에너지를 빛에너지로 쉽게 전환시킬 수 있기 때문이다.

원자핵 합성에 의해 질량이 에너지로 전환되는 효율은 0.7%에 불과하지만 블랙홀이 질량을 에너지로 전환하는 효율은 수십%에 이른다. 때문에 은하의 핵에 있는 초거대 블랙홀이 1년에 태양과 같은 별을 하나만 삼켜도 1천억 개의 태양과 같은 별이 방출하는 에너지보다 더 많은 에너지를 방출할 수 있는 것이다.

물론 퀘이사가 내는 빛은 블랙홀 자체에서 나오는 것은 아니다. 블랙홀 자체에서는 빛을 포함하여 아무것도 빠져나올 수 없기 때문이다.

블랙홀로 빨려 들어오는 물질이 가진 에너지가 블랙홀에 삼켜지기 전에 빛으로 바뀌어 나오는 것이다. 어쨌든 세상은 참 아이러니하다. 빛을 내지 않아 검은 구멍이라 불리는 블랙홀이 우주에서 가장 밝은 퀘이사를 만들어내니 말이다.

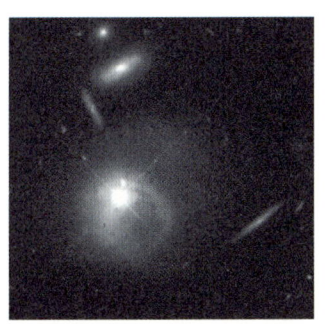

은하의 핵에 있는 퀘이사의 모습이다. 퀘이사의 크기는 은하의 1/100만도 되지 않지만 은하보다 훨씬 많은 빛을 방출한다. 퀘이사가 은하의 핵이란 것을 알게 된 것은 최근의 일이다.

이래서 우주는 신비한 것이다. 가장 어두운 것이 가장 밝다! 색즉시공 공즉시색. 궁금하신가? 그러면 천문학과로 진학하여 천문학을 본격적으로 공부해보시라. 천문학에는 이보다 재미있는 현상이 많이 있으니까.

우주의 신기루, 중력렌즈

빛이 렌즈를 통과하면 휘어진다는 것은 누구나 아는 사실이다. 그러나 중력도 렌즈와 같이 빛을 휘게 한다는 사실을 아는 사람은 드물다. 이러한 현상을 중력렌즈 현상이라 부른다. 이 현상은 아인슈타인의 일반상대성이론에서 예측되었다. 그리고 1979년 50억 광년 떨어진 퀘이사가 이중으로 보이는 것을 관측해 중력렌즈 현상이 실제로 일어나고 있음을 알 수 있었다.

중력렌즈 현상은 천체의 질량에 의한 중력이 유리로 된 렌즈처럼 빛을 휘게 하여 다양한 모습의 상을 만들어 내는 것이다. 허블우주망원경이나 8m급 대형 망원경들이 만들어지기 전에는 중력렌즈 현상이 관측된 예가 많지 않았다. 그 이유는 중력렌즈 현상이 아주 멀리 있는 은하나 퀘이사의 상에서 관측되는데 망원경의 성능이 뛰어나야만 이들의 상을 관측할 수 있기 때문이다.

최근에는 일반인들도 중력렌즈 현상을 쉽게 확인할 수 있는 관측이 많이 이루어졌다. 중력에 의해 빛이 휘는 정도는 그 천체의 질량에 비례하기 때문에 중력렌즈가 수백 개 또는 수천 개의 은하들로 된 은하단의 경우에는 질량이 커서 육안으로도 중력렌즈에 의해 생기는 여러 개의 상이 쉽게 분해되어 보인다. 중력렌즈 현상이 가장 많이 관측된 천체는 퀘이사다. 퀘이사가 워낙 멀리 떨어져 있어 퀘이사와 관측자 사이에 은하단이 놓일 확률이 높기 때문이다.

중력렌즈에 의해 생긴 퀘이사의 상은 다양한 모습으로 나타난다. 최

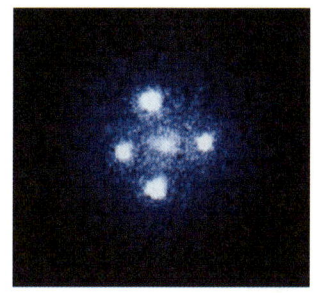

허블 우주망원경이 관측한 아인슈타인 십자가의 모습이다. 퀘이사 앞에 있는 은하가 중력 렌즈 역할을 하여 퀘이사의 상이 4개로 보이는 것이다.

중력렌즈 현상은 천체의 질량에 의한 중력이 유리로 된 렌즈처럼 빛을 휘게 하여 다양한 모습의 상을 만들어 내는 것이다.

초의 중력렌즈로 관측된 퀘이사는 두 개의 상으로 보였고, 그 후 십자가 모습을 한 네 개의 상으로, 관측되었다. 아주 드문 경우이긴 하지만 광원과 관측자가 일직선으로 놓이는 것도 가능한데 이러한 경우에는 천체가 고리 모양으로 나타난다. 이러한 현상은 일반상대성이론에서 예측된 것이기 때문에 '아인슈타인 십자가' 나 '아인슈타인 고리' 라 부른다.

백문이 불여일견이다. 중력렌즈 현상은 그렇게 어렵기만 하던 상대성 이론을 간단히 증명해 버렸다. 이제는 우리도 우리의 우주가 상대성 이론에서 기술하는 것처럼 4차원 세계라는 것을 부인할 방법이 없다. 최근 중력렌즈 현상은 우리은하계에 있는 암흑 천체를 찾거나 외계 행성을 찾는 데도 응용되고 있다. 별과 관측자 사이에 놓인 천체가 별에서 오는 빛을 가릴 수도 있지만 별빛을 증폭시킬 수도 있다. 별이나 별을 가리는 천체 모두 거의 점과 같은 크기이기 때문에 가려지는 양보다는 모으는 양이 더 많을 수 있기 때문이다.

은하단에 의한 중력렌즈 현상을 볼 수 있는 사진이다. 은하단의 가운데 있는 밝은 은하를 중심으로 원의 호처럼 길쭉하게 늘어선 은하의 상들이 보이는데, 멀리 있는 은하가 앞에 놓인 은하단에 의해 여러 개의 상으로 보이는 것이다.

별과 관측자 사이에 어떤 천체가 놓이면 그 별과 관측자를 연결하는 직선 방향으로 진행해 온 빛은 이 천체에 가려 보이지 않게 되지만 가리는 천체가 중력렌즈 역할을 하여 별 상이 점이 아니라 고리 모양이 된다. 이러한 고리 모양의 상을 아인슈타인 고리라 부르며 그 크기는 가리는 천체의 질량에 비례한다. 가리는 천체가 별 정도의 질량을 갖는다면 고리가 너무 작아 그냥 점처럼 보이게 되지만 빛이 모여 있기 때문에 밝게 보이게 된다. 이 경우 중력렌즈는 돋보기와 다를 바 없다.

암흑의 시기

20세기 말에는 암흑이 우주의 화두가 되었다. 1970년대 말에 은하의 바깥쪽이 주로 빛을 내지 않는 암흑물질로 되어 있다는 것을 알게 되었고, 1990년대 말에는 우주가 암흑에너지로 꽉 차 있다는 것을 알게 되었으니 말이다.

우주의 신비 속으로
Go! Go!

암흑물질은 그 이름이 암시하듯 빛을 내지 않기 때문에 직접 관측할 수 없는 물질이다. 때문에 우주의 대부분이 암흑물질로 되어 있음에도 불구하고 1970년대가 되어서야 암흑물질의 존재가 제대로 알려진 것이다. 미국의 여류 천문학자인 베라 루빈이 나선은하의 회전곡선을 관측해 암흑물질이 있어야만 관측된 회전곡선을 설명할 수 있다고 발표한 이후 암흑물질이 천문학의 가장 중요한 이슈가 되었다. 그러나 사실 암흑물질의 존재는 이보다 훨씬 이전인 1933년 즈비키의 코마 은하단 연구로부터 알게 되었다. 하지만 당시 누구도 즈비키의 발견에 주목하지 않았다.

암흑물질은 은하나 은하단에만 존재하는 것이 아니다. 우주의 거대 구조에도 기여하여 우주를 구성하는 물질의 대부분을 암흑물질이 차지하고 있다. 그러나 암흑물질의 정체가 무엇인지는 아직 아무도 모

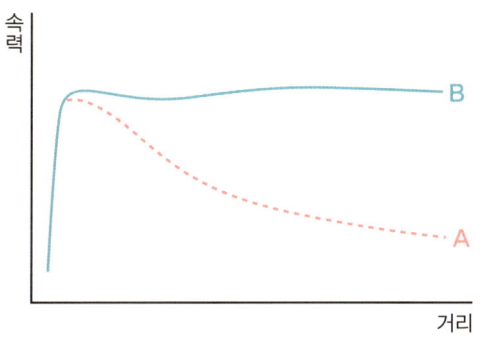

나선은하의 회전 곡선을 나타낸 그래프이다. A는 빛을 내는 물체의 질량에 의한 회전 곡선이고, B는 관측된 회전 곡선이다. 관측된 회전 곡선을 설명하기 위해선 빛을 내지 않는 암흑물질이 은하에 있어야 한다.

른다. 흑색왜성이나 갈색왜성 같이 보통의 물질로 된 작은 천체일 수도 있고, 그 정체를 전혀 알지 못하는 이상한 입자일 수도 있다.

한때는 중성미자가 암흑물질의 유력한 후보로 떠올랐던 적이 있다. 그 이유는 중성미자가 우주 진화의 초기에 풍부하게 만들어질 수 있었으며 다른 물질과 거의 상호작용을 하지 않아 지금까지 남아 있을 수 있기 때문이다. 그러나 암흑물질을 중성미자로 설명하기 위해서는 중성미자가 충분히 큰 질량을 가져야 하는데 아직까지 그런 중성미자가 발견되지 않았다.

1998년 그 존재가 알려진 암흑에너지는 정체가 더욱 신비롭다. 멀리 있는 초신성의 관측으로부터 우주의 팽창 속도가 시간이 지날수록 오히려 빨라져 왔다는 것을 발견함으로써 암흑에너지를 알게 되었다. 우주가 가속 팽창을 하기 위해서는 당기는 힘을 극복하는 서로 밀어내는 힘이 있어야 하는데 이 힘의 원천으로 암흑에너지를 도입한 것이다.

서로 밀어내는 힘을 처음 도입한 사람은 아인슈타인이었다. 아인슈타인은 그가 만든 상대성이론으로 우주를 기술할 때 방정식의 해가 정상 우주를 가질 수 있도록 중력에 반하는 상수를 도입하였다. 이 상수는 우주론적인 규모에서만 작용을 하기 때문에 우주상수라 불렸는데 이것이 하는 역할이 우주의 가속 팽창을 설명하기 위해 도입한 암흑

에너지와 같은 것이었다.

최근의 초신성 관측이나 초단파 비등방성 탐사선(WMAP)에 의한 우주 배경복사의 관측에 따르면 암흑에너지는 우주의 에너지 밀도 중 가장 큰 몫을 차지한다. 우주를 구성하는 가장 중요한 성분이란 이야기다. 즉, 우주는 암흑에너지가 74%, 암흑물질이 22%, 그리고 그 나머지인 4%는 보통 물질로 되어 있다는 것이다.

이러고 보니 우주의 4%만이 정상적인 물질이고 그 외는 모두 정체를 모르는 것이 되고 말았다. 따라서 앞으로 무엇보다 중요한 과제는 우주의 구조와 진화에 결정적인 역할을 하는 암흑물질과 함께 암흑에너지의 정체를 밝히는 일이다. 그러나 여기서 우리가 간과하지 말아야 할 것이 있다. 그것은 바로 우주에서 가장 작은 비중을 차지하는 빛을 내는 보통 물질의 존재다. 비록 적은 양이지만 이것이 없다면 내 존재도 없고, 보이지 않는 암흑물질과 암흑에너지도 찾을 수 없다.

우주의 놀라운 거대 구조

은하는 그 자체로도 흥미로운 천체이지만 은하들이 모여서 이루는 세계는 더욱 흥미롭다. 원자가 물질을 이루는 것 같이 은하도 우주를 이루는 기본 단위이기 때문에 은하의 분포에 대한 이해는 우주의 구조를 알 수 있는 지름길이 된다. 수백 또는 수천 개의 은하가 모여 은하단을 만들고 은하단은 다시 모여 초은하단을 만들어 우주의 계층 구조를 이룬다. 이는 마을이 모여 도시가 되고 도시가 모여 나라를 이루는 것과 크게 다르지 않다. 여기서 주민은 바로 은하가 된다.

텅 비어있는 우주

분명 밤하늘에서 무수히 많은 별을 볼 수 있는데 우주가 텅 비어있다고 말한다면 그게 무슨 소리냐고 반문할지 모르겠다. 그러나 실제로 우주는 텅 비어있다. 물론 우주에는 우리가 살고 있는 은하계처럼 수천억 개의 별을 가진 은하들이 무수히 있으니 우주가 완전히 비어있

다고 말할 수는 없다. 그러나 실제 은하들이 차지하고 있는 공간은 우주의 일부분에 불과하고 우주의 대부분은 비어있다.

우주의 대부분이 비어있다는 것을 알게 된 것은 1980년대의 일이다. 초은하단의 분포를 조사하던 중 뜻밖의 사실이 관측됐다. 초은하단의 분포가 균일하리라는 예상과는 달리 이들의 분포가 매우 불균일할 뿐 아니라 우주에 초은하단이나 은하들이 없는 영역이 많이 있는 것이었다. 천문학자들은 이를 빈터(void)라 불렀다. 그 후 본격적인 조사를 통해 우주의 대부분이 비어있음이 밝혀졌다.

빈터의 크기는 보통 수천만 광년이다. 매우 큰 빈터는 수억 광년 정도 되는 것도 있다. 빛이 빈터를 가로지르는 데 수억 년이 걸린다는 이야기다. 빈터의 모양은 대체로 구형이지만 일정치는 않다. 빈터의 표면에 은하들이 모여 있는 것이 초은하단인데, 이들의 모양은 길쭉하기도 하고 호떡처럼 넓적하기도 하다. 이는 시골에 형성된 마을의 구조가 주변의 자연 환경에 어울려 다양하게 결정되는 것과 같다.

빈터와 같은 우주의 거대 구조가 왜 1980년대에 와서야 발견된 것일까? 그것은 은하들의 3차원 분포를 알아야 초은하단이나 빈터 같은 우주의 거대 구조를 알 수 있기 때문이다. 또한 3차원 분포를 알기 위해서는 은하들의 거리를 알아야 하는데 1980년대 이전에는 멀리 있는 은하의 거리를 알

기 위해 필요한 적색이동 관측이 어려웠다.

빈터의 발견으로 우주의 구조에 대한 인식이 완전히 바뀌게 되었다. 우주의 빈터가 발견되기 전까지는 초은하단이 우주에 골고루 분포하고 있다고 생각했으나 빈터의 발견으로 인해 적어도 수억 광년 거리 범위에서는 우주가 균일하지 않다는 것을 알게 되었다. 은하가 모여 은하단을 만들고 은하단은 다시 모여 초은하단을 만들어 우주의 계층 구조를 이루지만 이들은 적어도 빈터 크기의 거리 규모에서는 불균일한 분포를 하고 있다.

우주는 왜 이처럼 대부분이 비어있을까? 결론부터 말하면 아직 우리는 그 자세한 이유를 모르고 있다. 하지만 이것이 팽창 우주의 특성인 것만은 분명하다. 팽창하는 우주에서 초기에 밀도가 작은 지역에 있던 물질들은 팽창과 함께 계속 멀어져 결국 빈터가 되었고 밀도가 큰 지역만이 팽창에 대항하여 뭉칠 수 있어 은하나 초은하단과 같은 천체를 만들었을 것이기 때문이다.

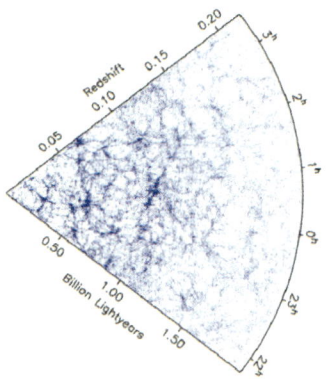

SDSS 탐사가 밝힌 우주의 거대 구조로 은하가 없는 빈터가 많이 보인다. 빈터를 둘러싸고 있는 은하단이나 초은하단이 필라멘트로 서로 연결되어 있다.

우주의 신비 속으로
Go! Go!

장성으로 드러난 거대 구조

최초의 본격적인 은하의 적색이동 탐사는 하버드 대학의 천체물리연구소가 수행한 탐사인데 흔히 cfa탐사로 부른다. cfa탐사는 두 차례에 걸쳐 이루어졌다. 첫 번째 탐사는 1977년 시작되어 1982년에 끝났고 두 번째 탐사는 1984년에 시작되어 1995년에 완성되었다. 이들 두 탐사의 주역인 후크라는 우주의 거대 구조 연구에 결정적 공헌을 한 것이다.

우주가 빈터라 불리는 비어있는 공간으로 가득 차 있다는 것도 이 탐사에 의해 처음으로 알려졌고, 초은하단들이 길쭉한 섬유구조로 서로 연결되어 네트워크를 이루고 있다는 것도 이 탐사에 의해 알려졌다. 장성(Great Wall)이라고 부르는 5억 광년 길이와 3억 광년의 두께를 가지는 거대 구조물이 발견된 것도 이 탐사의 결과다. 같은 이름을 가진 중국의 장성보다 약 7해(10^{20})배나 길이가 긴 것이 이 하늘에 있는 장성이다.

cfa탐사에서 관측된 은하는 15.5등급보다 밝은 은하였기 때문에 이로부터 얻은 결과는 비교적 가까운 거리에서 관측되는 우주의 거대 구조였다. 2000년대에 이루어진 SDSS(Sloan Digital Sky Survey)탐사는 적색이동의 관측 대상을 이보다 2등급 정도 더 흐린 은하까지 확대하여 우주의 거대 구조를 더 자세히 알 수 있게 했다. 또한 SDSS탐사는 적색이동 관측의 대상 은하

북반구 하늘과 남반구 하늘의 구별 없이 어디나 은하, 은하단, 초은하단으로 된 계층구조를 가지고 있다.

보다 4등급 이상 흐린 은하들을 5개의 필터를 사용하여 은하들의 색영상을 얻음으로써 은하 연구의 새로운 시대를 열었다.

SDSS탐사에서 얻어진 은하의 색영상은 은하의 형태 분석에 용이할 뿐 아니라 은하를 구성하는 별의 나이나 종류를 구별할 수 있게 하여 은하 연구에 크게 기여하였다. 또한 더 멀리 있는 은하까지 관측이 가능해져 우주의 거대 구조에 대해서도 보다 자세한 연구가 가능해졌다. cfa탐사에서 발견되었던 빈터나 초은하단으로 이루어진 거대 구조가 더욱 뚜렷이 모습을 드러냈으며 cfa 탐사에서 발견된 장성보다 더 큰 장성이 발견되기도 하였다.

SDSS탐사가 애리조나에 있는 아파치 천문대에서 이루어져 주로 북반구 하늘에서 볼 수 있는 은하의 관측에 집중된 반면 비슷한 시기에 호주의 AAO천문대에서는 남반구 하늘에 있는 은하의 적색이동을 관측하였다. 이를 통해 북반구 하늘과 남반구 하늘의 구별 없이 어디나 은하, 은하단, 초은하단으로 된 계층구조를 가지고 있으며 지름이 수억 광년에 달하는 빈터와 초은하단이 우주의 거대 구조를 이루고 있음을 알 수 있었다.

우주의 거대 구조는 어디서 유래했을까? 이 질문에 답하기 위해선 광학관측으로 은하의 분포를 조사해야 할 뿐 아니라 전파관측으로 우주의 배경복사를 관측해야 한다. 왜냐하면 거대 구조의 씨앗은 이미 빛

과 물질이 분리될 때부터 자라고 있었기 때문이고, 우주배경복사는 마이크로웨이브와 같은 전파 영역에서 관측될 수 있기 때문이다.

우주의 놀라운 특징, 등방성과 균질성

1965년 펜지어스와 윌슨에 의해 발견된 우주배경복사는 우주가 뜨거운 원시 화구에서 시작되었다는 빅뱅 이론의 가장 강력한 증거가 된다. 빅뱅 이론의 기본 가정은 우주를 어느 방향으로 보나 우주의 특성이 같고(등방성), 어디서나 같은 물리량을 가진다(균질성)는 것으로 우주 원리라고 부른다. 빅뱅 이론에서는 우주배경복사가 우주 원리에 따라 우주론적 거리 규모에서는 등방적이어야 하며 이보다 작은 규모에서는 등방적이지 않고 서로 다른 모습을 보여야 한다는 것이다.

미국의 NASA는 우주배경복사의 관측을 위해 1989년 코비(COBE)란 이름의 인공위성을 우주 궤도에 올려 원적외선 파장대로 전 하늘을 관측하였다. 코비의 관측은 빅뱅 직후 급팽창이 동반되는 인플레이션 빅뱅 우주론이 우주의 제반 관측 사실을 잘 설명할 수 있음을 보여주었고 여러 가지 후속 실험을 통해 오늘날 정밀 우주론이라고 부르는 우주론 연구의 새로운 흐름을 열었다.

코비는 우선 우주배경복사가 2.7K의 완벽한 흑체 복사임을 보여주었다. 흑체란 입사하는 모든 빛을 흡수하여 검게 보이는 물체를 뜻한다. 흑체가 열적 평형 상태에 놓이게 되면 입사된 에너지와 같은 양의 에너지를 방출하게 되는데, 흑체 복사란 이러한 흑체에서 방출되는 복사

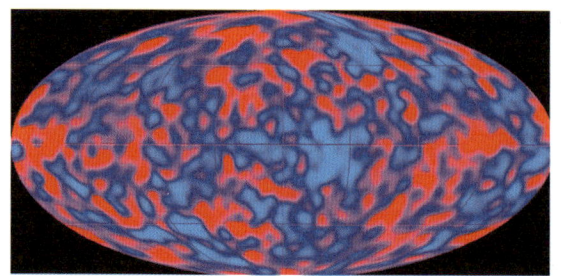

코비가 관측한 우주배경복사. 붉은색은 온도가 높은 지역을 푸른색은 온도가 낮은 지역을 나타낸다. 우주가 작은 규모에서는 비등방적임을 보여주고 있다.

를 말하는 것이다. 흑체 복사의 특징은 흑체의 온도에 의해 결정된다. 즉, 관측된 우주배경복사는 초고온 고압 상태에서 시작한 우주가 팽창에 의해 식은 결과라는 빅뱅 이론의 예측과 정확하게 일치하는 것이다. 우주배경복사는 큰 규모에서는 모든 방향에서 동일한 세기를 가지는데 이는 우주가 균일하고 등방성을 갖는다는 빅뱅 우주론의 기본 가정인 우주 원리와 부합되는 것이다. 그러나 코비의 보다 중요한 발견은 우주가 작은 규모에서는 비등방성을 보인다는 것이고 이러한 비등방성이야말로 우주의 거대 구조가 만들어지는 씨앗이라는 점이다.

코비의 관측으로 우주가 등방적이나 작은 규모에서는 비등방성이 보인다는 것을 알게 되었다. 하지만 코비의 공간 분해능과 측광정 밀도로는 우주의 비등방성을 정밀하게 분석할 수 없었다. 때문에 우주의 비등방성을 확인하

우주의 신비 속으로
Go! Go!

려는 일련의 실험들이 지난 10여 년간 수행되었다. 그 중 가장 야심찬 실험은 WMAP 우주탐사선을 이용한 우주배경복사의 비등방성 관측이다.

WMAP는 NASA에서 2001년 발사한 것으로 코비보다 훨씬 좋은 분해능으로 전 하늘을 관측하였다. WMAP의 각 분해능은 0.2도로 매우 세밀한 구조를 보여준다. WMAP의 성공으로 우주의 나이와 우주를 이루고 있는 암흑에너지와 암흑물질 및 보통 물질의 비를 그 전과는 비교할 수 없는 정밀도로 구할 수 있었다. 이로써 NASA는 2003년 2월에 정밀 우주론의 큰 성과를 발표할 수 있었다. 이때 발표된 자료에 따르면 우주의 나이는 137±2억 년이고, 우리 몸이나 별을 이루는 보통의 물질이 4%, 암흑물질이 22% 그리고 암흑에너지가 74%로 이루어져 있다.

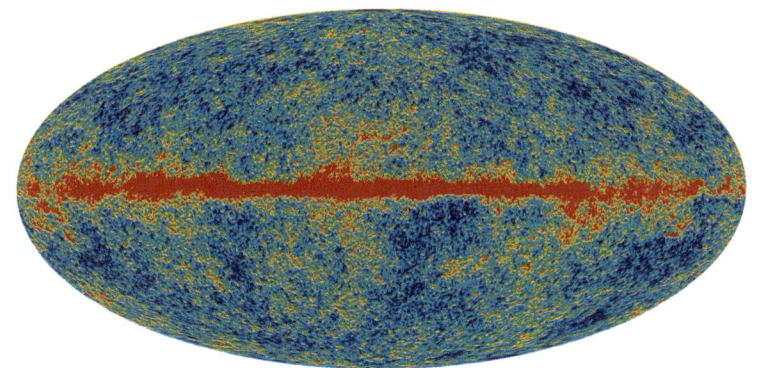

WMAP이 관측한 우주배경복사. 코비보다 훨씬 정밀한 분포를 보여준다. 붉은 지역과 푸른 지역은 주변보다 0.0002도 온도가 높거나 낮은 곳이다.

가속 팽창이 푼 우주 나이의 딜레마

코비의 관측으로 우주의 거대 구조의 기원에 대한 연구가 실마리를 찾았지만 비슷한 시기에 이루어진 허블 우주망원경을 이용한 허블 상수의 측정은 우주의 나이와 관련한 새로운 문제를 제기하였다.

우주는 영원하여 시작도 끝도 없다고 믿는 사람들에게 우주의 나이라는 말이 이상하게 들릴지 모르겠다. 그러나 우주가 대폭발로 시작되었다는 표준 우주론에 따르면 우주의 나이는 우주의 팽창률을 통해 알 수 있다. 우주의 팽창률은 흔히 허블 상수로 표현되며 암흑에너지를 고려하지 않을 경우 우주의 나이는 허블 상수의 역수로 근사할 수 있다.

허블 우주망원경이 우주에 올라가 천체의 관측을 시작하기 전 여러 가지 방법으로 구한 허블 상수 값은 50~100km/s·Mpc이었고, 이로부터 계산한 우주의 나이는 100~200억 년이었다. 당시 알려진 우리 은하에서 가장 오래된 구상성단의 나이가 최소 110억 년 이상이었으나 허블 상수가 그다지 정확하게 구해지지 않았기 때문에 구상성단의 나이가 별 문제가 되지는 않았다.

1990년대 초 NASA가 15억 달러나 들여 만든 허블 우주망원경이 천체의 관측을 시작할 때 허블 상수의 측정을 위한 관측이 허블 우주망원경이 수행해야 할 가장 중요한 임무 중의 하나로 꼽혔다. 그러나 허블 우주망원경이 처녀자리 은하단

에 있는 은하를 관측하여 구한 허블 상수 값이 72±8km/s · Mpc로 알려지자 천문학자들은 큰 딜레마에 빠졌다. 관측 오차를 고려하더라도 이러한 값으로는 우주의 나이가 100억 년보다 작아져 우주의 나이에 문제가 발생한 것이다. 우리은하에 속해 있는 구상성단의 나이가 우주의 나이보다 많다는 말이니 어처구니 없는 일이 아닌가. 엄마인 우주보다 그 자식인 구상성단의 나이가 더 많으니 말이다.

우주 나이의 위기라 불린 이 문제는 1998년에 이루어진 우주의 가속 팽창의 발견에 의해 쉽게 해결되었다. 우주가 가속적으로 팽창해 온 경우에는 가속 팽창의 정도에 따라 우주의 나이가 구상성단 나이의 상한인 130억 년보다 더 많을 수 있기 때문이다.

허블 상수는 여러 가지 방법으로 구할 수 있으나 최근 WMAP관측에 따르면 허블 상수 값은 71±4km/s · Mpc이다. 이 값을 이용하면 암흑에너지가 우주를 구성하는 에너지 밀도의 74%를 차지할 때 표준 우주 모형에서 계산되는 우주의 나이는 137±2억 년이 된다. 히파르코스 위성의 삼각시차를 이용하여 구한 구상성단의 거리와 그동안 개선된 항성 진화 이론을 적용하면 구상성단의 나이는 130억 년 정도가 되니 이제 더 이상 우주 나이의 위기는 없는 셈이다.

소립자 물리학이 푼 우주의 퍼즐
우주가 어느 순간 갑자기 바닷가의 모래알 정도에서 엄청

난 크기로 뻥튀기를 겪었다고 하면 쉽게 수긍이 가지 않을 것이다. 그러나 이것은 엄연한 사실이다. 우주란 이처럼 신비한 것이다.

우주의 진화에 뻥튀기와 같은 급팽창 시기가 있었다는 근거는 우주가 믿을 수 없을 정도로 완벽한 등방성을 보이기 때문이다. 우주의 등방성이 무슨 말인가 하면 우리가 우주의 어느 방향을 보더라도 같은 모습의 우주를 볼 수 있다는 말이다.

재미박스

두 번 울게 된 아인슈타인

아인슈타인이 두 번 울게 생겼다. 왜냐고? 우주의 팽창이 시간이 지날수록 빨라지기 위해서는 중력에 반하여 물질을 밀어내는 힘이 있어야 된다. 아인슈타인은 허블이 우주의 팽창을 발견하기 전에 자신이 만든 상대성이론으로 정상 우주를 설명하기 위해 중력에 반하는 척력을 주는 우주상수를 도입하였다. 그러나 몇 년 후 허블에 의해 우주의 팽창이 발견되어 우주상수의 도입이 불필요하게 되자 후일 자신이 우주상수를 도입한 것은 일생의 가장 큰 실수라고 후회하였다. 그러나 생각해 보라. 우주상수가 이제 다시 필요하게 되었으니. 만일 아인슈타인이 아직 살아 있다면 다시 후회하지 않겠는가. 왜 우주상수의 도입을 일생일대의 실수라고 했는지를.

우주의 신비 속으로
Go! Go!

우주의 등방성을 가장 잘 볼 수 있는 것은 우주의 배경복사 관측이다. 우주배경복사란 과거에 우주의 온도가 절대온도로 3,000K 정도 되었을 때 우주 자체에 의해서 방출된 복사를 말한다. 우주의 팽창과 함께 이 배경복사의 온도는 지금은 2.7K가 되었으며 우주의 모든 방향에서 같은 세기로 관측되고 있다.

우주의 배경복사는 대폭발 우주론에서 이미 예측된 것이었다. 때문에 1965년 이루어진 배경복사의 발견은 당시까지 대폭발 우주론과 경쟁하던 정상우주론을 물리치는 계기가 되었다. 정상우주론은 우주의 상태가 시간이 지나더라도 변하지 않고 한결같다는 것으로 호일, 골드, 본디가 제안한 것이었다.

그러나 모든 일이 다 그렇듯 배경복사의 발견이 대폭발 우주론에 승리와 함께 시련도 가져왔다. 대폭발 우주론이 배경복사의 존재는 예측하였으나 그것이 보여주는 등방성을 설명할 수는 없었던 것이다. 왜냐하면 우주의 배경복사는 우주의 나이가 약 40만 년 정도일 때 방출된 것인데, 이때 우주의 크기가 우주의 나이 동안 광속으로 갈 수 있는 거리(40만 년×광속=사건의 지평선)보다 100배 가까이 더 컸기 때문이다.

서로 가까이 가서 열을 주고받은 적이 없는데 온도가 같아져 있으니 이상하지 않은가. 도무지 풀 수 없는 수수께끼 같은 우주의 등방성 문제는 전혀 다른 분야의 연구로부터 해결되었다. 1980년 소립자를 연구하던 미국의 물리학자인 구쓰가 우주의 초기에 우주가 급격한 팽

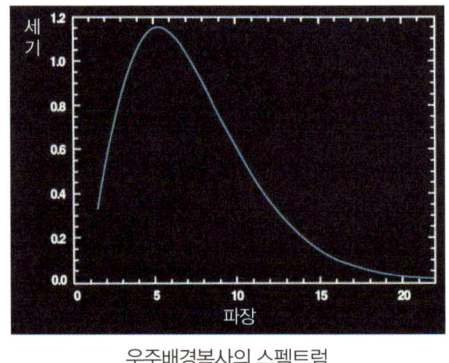
우주배경복사의 스펙트럼

창, 즉 인플레이션을 일으켰을 수도 있다는 것을 밝혔기 때문이다.

구쓰는 우주의 나이가 10^{-35}초일 때 우주는 물이 얼음으로 바뀌는 것과 같은 상태의 변화를 겪었고 이때 나오는 에너지에 의해 우주가 급격한 팽창을 한다는 것을 발견한 것이다. 우주의 상태가 변할 때 나온 에너지란 다름 아닌 일종의 암흑에너지다. 우주 탄생 초기에 우주 공간이 빛보다 빨리 팽창하는 인플레이션으로 우주의 등방성을 설명할 수 있는 것이다. 결국 소립자 물리학이 우주의 퍼즐, 등방성 문제를 해결했다.

우연인가 필연인가

인간은 호기심의 동물이라 한다. 인간이 가지는 의문 중 가장 근원적인 것은 바로 '내가 왜 어떻게 존재하게 되었는가?' 하는 것이다. 이러한 물음은 흔히 철학적 사유의 대상으로 간주되지만 보다 근본적인 것은 우주의 기원에서 찾아야 한다. 왜냐하면 나의 존재는 궁극적으로 우주의 생성으로부터 비롯되었기 때문이다.

우주의 생성에 관한 불가피한 질문을 하나 하자. 우리가 살고 있는 우주가 필연적으로 만들어져야만 했던 것일까, 아니면 그야말로 우연히

만들어진 것일까? 여러분은 어떻게 생각하는가?

아인슈타인의 상대성이론과 양자역학으로 무장한 현대우주론에서는 우주의 배경복사나 은하의 분포 등으로 우주의 모습을 어느 정도 설명하고 있다. 지금까지 나온 우주 생성론 중에서 호킹의 '무에서 저절로 생기는 우주'는 특히 관심을 끈다. 양자역학에서는 불확정성 원리에 의해 진공에서 물질과 반물질이 순간적으로 생성되고 소멸되는 것이 가능하다고 본다. 이처럼 우주도 양자역학적인 요동에 의해 '무'로부터 저절로 생기는 것이 가능하다. 즉, 아무 것도 없다가 어느 순간 홀연히 있게 되는 것이다. 그것도 우연히 말이다.

하지만 저절로 생기는 것이라 해서 반드시 우연히 생긴다고 말할 수는 없다. 적어도 우리 인간이 살고 있는 이 우주에 관해서는 다른 견해도 가질 수 있다. 즉, 내가 존재하기 위해서는 이 우주가 있어야만 하

물리학자인 구쓰가 우주의 초기에 우주가 급격한 팽창, 즉 인플레이션을 일으켰을 수도 있다는 것을 밝혔다.

허블 우주망원경이 찍은 우주에서 가장 멀리 있는 은하들의 모습이다. 우주는 이처럼 은하들로 이루어져 있다.

기 때문에 내가 있는 이 우주의 생성은 나에게는 필연적일 수가 있는 것이다. 이러한 것을 인본주의 원리라 한다. 우리가 살고 있는 우주가 인본주의 원리를 수용한다면 우연히 생긴 우주가 아니라 나의 존재를 위해 필연적으로 생긴 우주가 되는 것이다.

호킹의 우주가 관심을 끄는 이유는 저절로 생긴 우주야말로 가장 자연스럽기 때문이다. 자연스럽다는 말은 '스스로 그러하다' 라는 뜻인데 이는 바로 기원전 6세기경에 살았던 노자가 설파한 도(道)의 속성이다. '무에서 저절로 생기는 우주' 란 바로 도에 따라 생기는 우주가 아니고 무엇이겠는가.

곧 만나게 될 외계 생명체

생명 현상과 천문학은 원래 관련이 없는 것이었지만 이제는 그렇지 않다. 이미 국제천문연맹에도 외계 생명체를 다루는 위원회가 2개나 생길 만큼 천문학에서 생명 현상에 대한 연구는 중요한 분야가 되었다. 물론 외계 생명체에 대해서다. 지구 밖에 생명체가 존재하는 것이 밝혀지고, 특히 이러한 현상이 태양계 바깥에서 이루어진다면 이러한 관측은 생명의 기원에 관한 새로운 패러다임을 열게 될 것이다. 외계 생명체의 발견은 지금까지 우리가 믿어 왔던 많은 가치 체계에 대한 새로운 성찰을 요구하게 될 것이다.

외계 생명체의 존재가능성을 알려주는 외계 행성계

1994년 태양계 밖에서 최초의 행성이 발견된 이래 지금까지 발견된 외계 행성의 수는 300개에 달한다. 2008년 초 우리나라 연구진이 발견한 외계 행성계도 하나 있다. 외계 행성계 또는 외계 행성이 관심을 끄는 이유는 이들이 바로 외계 생명체의 터전이 될 수 있기 때문이다. 21세기 초 미국 프린스턴 대학 연구팀에 따르면 태양계 밖에서 발견된 4개의 행성 중 하나는 인간이 살 수 있는 조건을 갖추고 있다고 한다. 물론 인간이 살 수 있는 조건을 갖춘 행성의 존재 자체가 바로 외계 고등생명체의 존재 자체를 증명하는 것은 아니다. 그러나 이러한 발견은 그간 논쟁을 벌여온 외계 고등생명체의 존재 가능성이 이제 공상과학 소설에서나 다루어질 수준의 것이 아니라 21세기 천문학의 중요한 과제로 대두되었음을 의미한다.

지금까지 이루어진 관측을 근거로 추론해 보면 우리은하계에는 이러한 행성들이 수천만 개 이상 있을 수 있으며, 이는 곧 우주에서 인간만이 유일한 고등생명체가 아닐 확률이 크다는 것을 뜻한다. 생명체의 발현과 진화도 다른 자연 현상과 마찬가지로 우주의 보편적인 원리를 따른다면 지구에서만 생명체가 발현되고 진화되어야 할 아무런 이유가 없지 않겠는가.

사실 흔히 UFO라고 하는 미확인 비행물체가 발견되었다는 보고는 수없이 많이 있었지만 문자 그대로 이는 확인이 안 된 비행물체일 뿐, 실제 외계인과 관계가 있다는 아무런 증거가 없다. 그러나 이제 우리는 더 먼 앞을 바라보아야 한다. 인간이 살 수 있는 환경을 가진 행성들의 발견은 이제 생명 현상이 결코 지구에 국한될 수 없으며 인간 중심의 사고를 버려야 할 때임을 말해주기 때문이다.

지구가 속해 있는 태양계 외에도 다른 행성계가 많이 있다는 것을 추

우주의 신비 속으로
Go! Go!

론하는 것은 어렵지 않다. 태양계든 다른 행성계든 이들의 생성은 모두 별의 탄생에 수반되어 일어나는 자연스런 현상이기 때문에 외계 행성계의 개수가 별의 개수와 크게 다르지 않을 것으로 짐작할 수 있다. 그럼에도 불구하고 외부 행성계가 최근까지 잘 관측되지 않은 이유는 행성들은 별과는 달리 스스로 빛을 방출하는 것이 아니라 별이 내는 빛을 반사하여 빛나기 때문에 이들을 직접 보는 것이 거의 불가능하기 때문이다.

이제까지 발견된 외계 행성들도 직접 행성을 본 것이 아니라 별의 운동을 통해 행성의 존재 유무를 조사하거나 행성이 별 앞을 지날 때 별빛이 흐려지는 현상을 이용하는 방법을 통해 그 존재를 알게 된 것이다. 지금 NASA가 추진하고 있는 케플러 탐사선 계획도 이러한 행성의 별 통과 현상을 관측하여 외계 행성의 수를 획기적으로 늘리려는 것이다.

외계 행성을 찾는 방법은 이외에도 많이 있다. 국내 연구진이 2008년 초 외계 행성계를 발견할 때 사용했던 방법으로 미세 중력렌즈를 이용하는 것도 있다. 행성이 그 주위를 돌고 있는 별을 가리는 경우에는 별빛이 흐려지지만 멀리 있는 별과 관측자 사이에 별빛을 가리는 천체가 있으면 이번에는 이 천체의 중력렌즈 현상으로 인해 멀리 있는 별이 더 밝아질 수 있다. 마치 렌즈로 햇빛을 모으면 빛이 밝아지는 것처럼 중력렌즈도 빛을 모을 수 있기 때문에 가려서 흐려지는 것이 아니라 오히려 밝아지는 것이다. 이때 멀리 있는 별빛을 가리는 천체가 행성을 가지고 있는 별이라면 별빛이 밝아지는 형태가 달라지는데, 이를 분석하면 멀리 있는 별의 빛을 가리는 별과 함께 있는 행성의 크기나 별로부터 떨어진 거리 등을 알 수 있다.

다소 논란이 있었지만 2004년에 유럽 남천문대(ESO)에서 구경이 8m인 VLT(Very Large Telescope)를 이용하여 외계 행성의 사진을 찍었다. 질량이 작아 별이 되다만 별인 갈색왜성에 딸린 행성의 영상이 관측된 것이다. 이것이 행성인지 아니면 배경에 있는 천체인지는 아직 최종적인 판단이 내려지지 않았지만 이 천체의 스펙트럼 특성으로 이 천체가 목성보다 5배 정도 큰 행성이라는 것을 알 수 있었다. 갈색왜성과 행성은 0.8초밖에 떨어져 있지 않은데 이러한 관측이 가능했던 것은 행성의 주인

갈색왜성 2M1207과 그에 딸린 행성의 모습으로 유럽 남천문대에 있는 8m 망원경인 VLT로 찍은 영상이다.

우주의 신비 속으로
Go! Go!

갈색왜성이란 무엇일까?

갈색왜성이란 행성보다는 무겁고 별보다는 가벼운 천체를 나타내기 위해 만들어진 말이다. 갈색왜성에서는 수소 원자의 핵융합 반응이 일어날 수 없기 때문에 가장 무거운 갈색왜성이 태양 질량의 8%보다 적다. 그러나 가장 가벼운 갈색왜성의 기준을 정하는 것은 그렇게 간단하지 않다. 그 이유는 목성보다 다소 무거워 보이는 외계 행성들이 많이 발견되고 있기 때문이다. 그렇다고 해서 행성의 질량이 무작정 커질 수 있는 것은 아니다. 목성 질량의 13배 정도가 되면 중수소의 핵반응이 일어나 핵에너지가 생성되기 때문에 이들은 갈색왜성으로 분류되어야 한다.

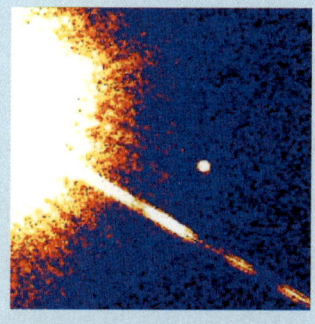

갈색왜성 Gliese 229B. 밝은 별인 Gliese 229 옆에 작고 흐린 별인 갈색왜성 Gliese 229B의 모습이 보인다.

인 갈색왜성이 별이 되다 만 매우 흐린 별이고, VLT의 분해능이 0.1초 이하로 극히 좋았기 때문이다.

최근 허블 우주망원경으로 탄생 과정에 있는 원시성을 적외선 파장으로 관측하여 외계 행성계의 생성 과정을 보다 잘 알게 되었다. 원시성 주변을 돌고 있는 외부 행성계의 모태가 되는 원반을 발견하였기 때문이다. 이러한 원반은 곧 중력 붕괴를 겪게 되고 이로부터 행성들이 생성된다고 여겨진다. 우리 태양계의 행성들도 원시태양 주변에 형성된 이러한 원반으로부터 형성되었다.

밤하늘에서 가장 밝은 금성이나 목성도 다른 별의 외계인이 본다면 태양의 빛에 가려 보이지 않을 것이다. 그렇다고 우리의 존재가 부인되지 않는 것처럼, 아직 보지 못했다고 외부 행성계가 존재하지 않는 것은 아니다. 이들에 외계 생명체가 살고 있지 말라는 법도 없다. 그래서 우리는 외롭지 않다. 아마 우리는 혼자가 아닐 것이기 때문이다.

현대천문학의 꿈, 천체생물학

천문학 분야 중 외계 생명체를 다루는 분야를 천체생물학이라 부르는데 21세기에 꽃필 현대천문학의 중요한 분야 중 하나이다. 이 분야는 이제 걸음마 단계에 불과하지만 1994년 태양계 밖에서 행성이 발견되면서 학문으로 뿌리내릴 터전을 마련했다. 지금까지 진행된 일은 크게 두 가지로 나눌 수 있다. 한 가지는 우주탐사선을 이용하여 태양계 내의 천체에서 생명 현상을 찾는 일이고, 다른 한 가지는 태양계 밖에

바이킹 우주선의 모형 옆에 서 있는 칼 세이건

서 외계 행성을 찾아 외계 행성계가 얼마나 많이 있는지를 알려는 것이었다. 전자에 대해서는 화성이 주 연구 대상이었는데 화성에 물이 있었다는 것이 확인되었고, 후자의 연구는 이제 시작 단계에 있다.

생명체를 찾기 위해 최초로 우주탐사선이 방문한 태양계 행성은 화성이다. 1965년 화성에 도착한 마리너 4호는 운석구덩이가 많이 있는 거친 화성의 표면 사진을 21장 보내왔다. 이로써 우리는 화성에는 생명체가 살 가능성이 거의 없다고 생각하게 됐다. 그러나 1971년 11월 화성에 도착해 화성 주위를 돈 최초의 우주선인 마리너 9호가 보내온 7,329장의 사진에는 강의 흔적, 높은 산, 협곡 등 생동감 있는 지형들이 있었다. 이에 따라 화성에 생명체가 있을 가능성이 높아졌다.

미국의 항공우주국인 NASA는 마리너 9호의 결과에 고무되어 바이킹 1호와 2호를 화성에 착륙시켜 지형이나 대기의 조사와 함께 생명체의 존재 유무를 밝혀줄 실험을 수행하였다. 이 실험은 화성의 토양을 조사하여 화성 토양에 유기물이나 미생물의 흔적을 찾는 실험이었는데 이 실험으로부터 살아 있는 생명체를 검출하는 데는 실패했다. 그러나 이 실험의 실패가 화성에 생명체가 없다는 것을 보여주는 것은 아니라고 믿었기 때문에 NASA는 일련의 후속 탐사를 수행할 계획을 세웠다.

바이킹호의 경험을 살려 1996년 화성의 지형을 면밀히 분석할 수 있는 글로벌 서베이어를 착륙시켜 주위를 10~20m 정도 이동하며 다양한 실험을 수행하게 했다. 2001년에는 화성 오딧세이를 화성에 보내 화학물질의 분포를 조사했는데 화성의 남반구 위도 60도 지역 지표면 아래에서 대량의 얼어있는 물을 찾아낼 수 있었다. 이로 미루어 보면 화성의 북반구 극 부근에도 물이 있을 수 있다는 것이다. 하지만 아직 탐사는 이루어지지 않았다.

2003년에는 NASA가 만든 스피릿과 오퍼튜니티란 이름의 두 우주탐

화성의 표면에서 발견된 서리이다. 푸른색이 물에 의한 것이고 녹색이 이산화탄소에 의한 것이다.

우주의 신비 속으로
Go! Go!

사선이 화성을 향해 떠났고, 이들은 2004년 화성의 반대편에 착륙하여 수km씩 주위를 돌아다니며 지질 조사를 하고 있다. 원래 90일 정도만 탐사를 수행할 수 있을 것으로 예상했으나 이들은 지금도 화성에서 지질 조사 등 각종 실험을 하며 지금까지 십만 장이 넘는 화성의 표면 사진을 지구로 보내왔다. 이들이 보내온 사진과 자료를 보면 화성엔 과거에 운석 충돌도 많았고, 화산 활동도 활발했으며, 무엇보다 표면에 물이 있었음을 확신할 수 있다.

생명체가 서식 가능한 지구 크기의 행성에 같은 기술을 적용한다면 생명체의 발견도 가능할 것이다. 정말로 조만간 외계 생명체를 발견할 지도 모른다.

NASA는 2대의 탐사 로봇인 스피릿과 오퍼튜니티의 성공 후 2005년에는 화성에 정찰궤도선(MRO)을 보내 화성의 정밀 사진을 찍었다. 이 우주선의 가장 중요한 임무는 화성에 물이 얼마나 오랫동안 존재했는지를 밝히는 일이었는데 지표에서 소금을 발견해 과거에 물이 있었음을 알 수 있었고, 운석구덩이 가장자리에서 물과 이산화탄소에 의한 서리를 발견해 물의 직접적인 증거들을 찾을 수 있었다. 그러나 지표 자체에서는 생명체가 서식한 흔적을 아직 찾지 못했다. 아마 지하를 탐사해야만 과거 물이 풍부했을 때 살았던 생명체의 흔적을 조사할 수 있을 것이다.

외계 행성에서의 생명체 탐사는 그야말로 초기 단계이다. 2008년에 허블 우주망원경을 이용하여 외계 행성의 대기에서 처음으로 유기물을 발견하여 외계 생명체 연구에 큰 족적을 남겼다. 이번에 발견된 유기물은 메탄 분자이고 물도 함께 발견되었다. 이 외계 행성은 지구로부터 63광년 떨어져 있는 HD189733이란 별에서 발견된 행성으로 목성 정도의 크기를 가지고 있다. 이 외계 행성은 별에 너무 가까이 있어 생명체가 살 수 있는 곳은 아니지만 생명체가 서식 가능한 지구 크기의 행성에 같은 기술을 적용한다면 생명체의 발견도 가능할 것이다. 정말로 조만간 외계 생명체를 발견할 지도 모른다.

천문학은 어떻게 발전해 왔을까?

고대의 천문학

천문학은 가장 오래된 과학이다. 천체 관측은 선사 시대부터 이루어져 왔다. 고대인들에게 천체의 관측을 통한 천문학적 지식은 생존을 위해 필수적인 것이었다. 특히 이동할 때 방향을 알 수 있는 유일한 수단이기도 했다. 선사 시대에는 먹을 것을 찾아 한 지역에서 다른 지역으로 이동해야만 했는데, 방향을 잃지 않고 원하는 방향으로 가기 위해서는 방향의 기준이 필요했다. 이때 해가 뜨는 방향이나 해가 지는 방향 또는 해 그림자가 가장 짧아지는 방향 등이 방향의 기준으로 쉽게 사용되었을 것이다. 또한 나침반이 발견되기 전에는 바다에서 방향을 알기 위해 별자리를 관측했고, 고대인들도 계절과 무관하게 방향이 변하지 않는 별이 있다는 것을 알고 이를 항해에 이용하였다.

농경 시대에는 파종 시기나 수확 시기 등을 알기 위해 계절의 변화를 알아야 했는데 이를 위해서 해 그림자의 변화나 별자리의 위치 변화 등을 관찰했다. 이처럼 천체의 관측으로부터 천체 현상의 주기성을 알 수 있었고 이로부터 계절의 변화를 알 수 있었다. 이를 체계적으로 만든 것이 달력이다. 동서양을 막론하고 달의 운동이나 태양 운동에 주기성이 있다는 것을 알았고 이러한 주기성이 태음력이나 태양력의 기준이 되었다.

하지만 동양과 서양의 천체를 대하는 태도는 다소 달랐다. 서양에서는 태양이나 달뿐만 아니라 행성 등 다른 천체의 운동에도 많은 관심을 가진 반면, 동양에서는 하늘에 어떤 별이 어느 자리에 나타나는지에 더 큰 관심을 두었다. 서양에서는 이미 희랍 시대에 달력을 만들기 위해 태양과 달의 운동 외에

도 행성의 운동을 정밀하게 관측하여 행성들이 태양이나 달과 함께 지구 주위를 돌고 있는 우주론을 고안해내었다. 아리스토텔레스 등에 의해 체계화되기 시작한 이러한 우주론은 프톨레미에 의해 정리된 후 16세기 코페르니쿠스에 의해 태양을 중심으로 지구나 행성이 돈다는 태양중심설이 제창되기까지 1,000년 이상 우주의 구조를 설명하는 유일한 우주론으로 유지되었다.

동양에서는 중국을 중심으로 천문학이 발달하였다. 실생활에 필요한 달력을 만드는 데 필요한 태양이나 달의 운동에 대한 관측은 주나라 시대부터 있었다. 우리나라의 경우에도 고조선 시대부터 일식 현상과 행성에 대해 관측했으나 독자적으로 달력을 만들 수준은 되지 않았다. 우리나라의 천문학 유산 중 독보적인 것은 고려 시대에 이루어진 흑점 관측이다. 이 관측은 같은 시기에 이루어진 것 중 가장 체계적인 것으로 태양 활동의 변화에 대한 중요한 자료가 되고 있다.

케플러 시대

중세는 과학의 모든 부분이 암흑기였다. 천문학도 예외는 아니어서 프톨레미의 우주관에서 전혀 발전을 하지 못하다가 르네상스 시대에 들어와서야 비약적인 발전을 하게 된다. 중세 시대에 과학이 발달하지 못한 가장 큰 이유는 관측된 자연 현상을 합리적으로 이해하려 하기보다는 종교적인 가치 기준에 맞추어 그 틀 속에서 이해하려 했기 때문이었다. 때문에 코페르니쿠스가 행성의 운동에 대한 새로운 우주관을 만들었지만 사후 10여 년이 지난 후에야 발표되었다. 이 시대에는 이처럼 교회의 압박으로 학문의 자유가 보장되지 않았다.

코페르니쿠스의 태양중심설을 전해 들은 갈
릴레오는 자신이 만든 망원경으로 금성의 위
상을 관측하여 지구가 태양 주위를 돈다는 태
양중심설이 맞음을 알 수 있었고, 목성을 관측
하여 위성들이 목성 주위를 돌고 있는 것을
보고 지구가 모든 운동의 중심이 될 수 없다
는 것을 알았다. 갈릴레오는 태양중심설을 지
지하다가 종교 재판을 받게 되었고, 그의 친구인 교황의 권유로 그의 주장을
철회해 목숨을 유지할 수 있었다. 독실한 가톨릭 신자였던 그는 과학적 진실
과 종교적 신념 사이에서 많은 방황을 할 수밖에 없었다.

갈릴레오와 동시대 사람인 케플러는 갈릴레오가 지구가 우주의 중심이 아님
을 알 즈음 행성의 운동에 대한 일반적인 법칙을 발견했다. 티코 브라헤의 행
성 관측 자료를 분석한 결과였다. 코페르니쿠스의 태양중심설은 단순히 지구
가 태양 주위를 돈다고만 했지만 케플러는 지구를 포함한 행성들이 태양을
한 초점으로 타원 운동을 한다는 것을 알게 된 것이다. 이로써 천체의 운동에
대한 일반 법칙을 끌어낼 수 있었다.

케플러의 행성의 운동에 관한 세 가지 법칙은 관측 사실로부터 일반적 법칙
을 이끌어 낸 가장 유명한 사례로 꼽힌다. 물론 과학 발전에 큰 전기를 가져
왔다. 얼마 후 뉴턴이 힘의 법칙과 만유인력 법칙을 발견했는
데, 케플러의 법칙은 뉴턴의 법칙으로도 유도가 가능하여
천체 역학의 새 장을 열게 되었다.

브라헤와 케플러의 사례에서 볼 수 있듯이 천문학은 기본적

으로 천체의 관측이 이루어져야 한다. 그리고 관측 자료를 수학적 모형을 통하여 해석해야 한다.

이러한 과정에서 물리 법칙이 사용되기도 하고 새로운 자연 법칙이 발견되기도 한다. 이런 점에서 천문학은 우주의 질서를 탐구하는 학문이며 우주의 질서가 보여주는 희열을 만끽할 수 있는 학문이기도 하다.

근대의 천문학

18세기 프랑스의 천문학자인 메시에는 10㎝의 작은 망원경으로 천체를 관측하여 천체의 목록을 만들었다. 그의 목록에 수록된 103개의 천체는 일련번호가 붙어 있어 요즈음에도 M31(안드로메다은하)과 같이 은하, 성단, 성운의 대표적인 이름으로 사용되고 있다.

메시에보다 8년 뒤에 독일에서 태어나 8년 뒤에 죽은 영국의 천문학자 허셸은 자신이 제작한 망원경을 이용하여 천왕성을 발견하였다. 뿐만 아니라 토성의 위성 2개(미마스, 엔켈라두스)와 천왕성의 위성 2개(티타니아, 오베론)를 발견하였다. 그러나 이러한 발견보다 더 중요한 것은 우리은하계의 구조를 연구하기 위해 별세기 작업을 시작한 것이다. 이 작업은 그의 아들인 존 허셸에 이어졌고 비로소 허셸 우주 모형이 완성되었다.

재미있는 사실은 허셸이 원래는 음악가였다는 것이다. 실제 천문학자로서의 일생은 그의 나이가 35살이 되면서 시작되었고 그전에는 주로 오보에 연주자로

우주의 신비 속으로
Go! Go!

서 활동했다. 그는 24개의 교향곡을 작곡하는 등 왕성한 음악 활동을 하였는데, 수학에 관심을 갖게 되면서 수학의 관심이 결국 천문학으로 이어져 역사적으로 위대한 관측천문학자의 한 사람이 된 것이다.

어느 시기나 마찬가지지만 이 시기의 천문학 발전에서 빼놓을 수 없는 것은 망원경 제작 기술의 발전이다. 국내의 최대 광학망원경인 보현산의 1.8m 망원경과 같은 크기의 반사망원경이 1845년 아일랜드의 윌리엄 파르선에 의해 만들어졌다. 1850년에 만들어진 38㎝ 굴절망원경을 필두로 1888년 미국의 릭 천문대에 91㎝ 굴절망원경이 만들어지는 등 굴절망원경의 전성시대를 열었다. 당시 기술로는 굴절망원경의 광학 성능이 반사망원경보다 훨씬 우수했으며 기계적으로도 단단하게 만들 수 있었기 때문에 천체의 정확한 위치를 측정하는 데 굴절망원경이 많이 사용되었다.

근대 천문학의 발전에 기폭제 역할을 한 것은 사진술이었다. 천문학에 사진 건판이 도입되어 사진 관측이 이루어져 한꺼번에 많은 천체의 관측이 가능해졌다. 또한 천체의 밝기를 구체적으로 알 수 있게 되었으며, 시차의 관측이나 고유 운동의 관측도 가능해졌다. 또한 망원경에 분광기를 달아 별빛을 파장에 따라 분산시킴으로써 스펙트럼을 얻을 수 있었고 별들이 서로 다른 흡수선들을 가지고 있다는 것을 알 수 있었다. 특히, 별들의 분광 관측을 통해 얻은 흡수선의 분석은 물리학이나 화학적 지식을 요구하여 천체물리학이라는 천문학의 새로운 장을 열었다.

망원경을 만드는 기술도 함께 발달했다. 20세기에 들어와서는 반사망원경의 제작 기술이 발전하였다. 1917년에는 캐나다와 미국에서 구경 1.8m와 2.5m의 고성능 반사망원경이 만들어졌다. 이로써 반사망원경이 천문학 발전을 주도하게 되었다. 은하와 같은 흐린 천체의 사진 관측뿐 아니라 분광 관측이 가능해져 외부 은하를 발견했으며 우주가 팽창한다는 것이 밝혀져 현대천문학의 가장 중요한 연구 분야가 되었다.

20세기 초에는 우리가 살고 있는 은하계가 우주의 전부인지 아니면 이와 유사한 다른 섬우주가 있는지에 대해 많은 논쟁이 있었다. 섬우주론 논쟁은 1926년 허블이 안드로메다 성운에서 별을

윌슨산 천문대의 2.5m 망원경

관측해 안드로메다 성운이 우리은하계 안에 있는 성운이 아니라 우리은하계와 같은 다른 은하라는 것을 밝혀 종지부를 찍게 되었다. 우리은하계 밖에 있는 외부 은하가 발견된 것이다. 얼마 후 허블은 은하들의 스펙트럼을 관측하여 은하들이 서로 멀어지며, 멀리 있을수록 더 빨리 멀어지고 있는 것을 발견했다. 우주가 팽창하고 있음을 알게 된 것이다.

팽창 우주의 발견은 20세기 과학사에서 가장 중요한 발견 중의 하나다. 우주가 팽창하고 있다는 것은 과거에는 우주의 크기가 지금보다 작았다는 것을 말한다. 이것은 모든 사람들이 생각했던 것처럼 우주가 정적인 존재가 아니라 동적인 존재이며 계속 진화하고 있다는 것을 암시하는 것이었다. 우주가 팽창하고 있다는 사실이 발견될 당시 당대 최고의 과학자라 할 수 있는 아인슈타인까지 정적인 우주를 당연한 것으로 받아들였으니 팽창 우주가 우리에게 준 충격은 결코 작은 것이 아니었다. 이 모든 발견은 윌슨산 천문대의

2.5m 망원경이 없었다면 불가능했을 것이다.

현대의 천문학

제2차 세계대전이 지나면서 전자공학 기술
과 로켓 발사 기술 등이 발달하여 천체 관측
에도 변화가 왔다. 사진 관측에 의존하던 별의
측광이 반도체와 진공관을 이용한 광전측광으로
바뀌었고, 가시광선뿐 아니라 전파 영역과 자외선,
X-선 등 전자기파의 다른 파장을 이용하는 망원경이 등장
했다.

전파망원경은 중성 수소나 일산화탄소 등 성간물질을 구성하는 원자나 분자
가 방출하는 전파를 관측할 수 있어 성간물질의 연구를 발전시켰다. 전파 관
측으로 우리은하계가 나선 모양의 팔을 가지고 있는 나선은하라는 것이 밝혀
졌고, 우주배경복사의 발견도 할 수 있었다.

가시광선과 전파는 지상에서도 관측할 수 있지만 다른 파장으로는 지구의 대
기 때문에 관측이 불가능하다. 적외선이나 자외선, X-선, 감마선 등을 이용
하는 천체의 관측은 우주에서 이루어져야 하기 때문에 인공위성을 이용한 우
주망원경이 크게 발달하였다. 1990년대에는 지상에서 관측이 가능한 가시광
선 영역까지 우주망원경을 만들어 우주의 신비를 벗기고 있다.

20세기 천체 관측의 발달에서 빼놓을 수 없는 것이
CCD(Charge Coupled Device)라는 광검출기의 도입이다.
CCD는 디지털 카메라와 같은 원리로 천체의 상을 찍게 되

는데 사진 건판에 비해 광검출 효율이 수십 배 이상 높아 천체 관측에 혁명을 가져왔다. 과거에는 대형 망원경으로만 관측이 가능했던 흐린 천체들을 소형 망원경으로도 관측할 수 있게 된 것이다.

또한 천문학 발전에서 빼놓을 수 없는 것이 컴퓨터의 발전이다. 컴퓨터의 빠른 연산 능력은 천문학에서 필요로 하는 각종 계산을 손쉽게 할 수 있게 했는데 대표적인 것이 별의 진화 계산이다. 덕분에 1960년대에 이미 별의 구조와 진화에 대한 이해에 큰 진전이 있었고, 1970년대 은하의 진화 문제에의 응용을 거쳐 최근에는 우주의 거대 구조에 이르기까지 거의 모든 이론적 연구의 수단이 되고 있다.

20세기 초에는 은하와 우주의 팽창이 발견되어 천문학 연구의 새 지평을 열었고, 20세기 말에는 암흑물질과 암흑에너지의 발견으로 우리가 풀어야 할 과제들이 제시되었다. 21세기 천문학은 두 가지 방향으로 발전하고 있다. 외계 생명체를 찾는 작업과 우주의 끝까지 관측하여 우주의 구조와 기원을 알려는 노력이다. 우리가 21세기 동안 어디까지 갈 수 있을지 궁금하다. 자, 꿈이 있는 여러분! 우주의 궁극에 도전해 보지 않겠는가. 우주는 여러분을 기다리고 있다.

우주의 신비 속으로
Go! Go!

World

My Dream

미리 체험해 보는
천문학과 원정기

어떤 과목들을 배울까?

대학에 가서 천문학을 공부하게 되면 무엇을 배우게 될까? 사실 천문학 개론서나 소개서는 많지만 대학에서 배우게 되는 천문학 개론서를 읽을 기회는 그리 많지 않을 것이다. 또 개론서 한 권을 읽는다 해도 대학에서 배우는 내용들을 다 알 수 있는 것도 아니기 때문에 정말 천문학에 대해 관심이 있다면 대학의 교과 과정이 상당히 궁금할 것이다. 그렇다면 그 교과 과정을 한번 살펴보기로 하자.

대학마다 조금씩 다르긴 하지만 대학의 학부 과정에서 배우게 되는 천문학의 교과 과정은 크게 기초과목, 핵심과목, 응용과목의 세 가지 분야로 나눌 수 있다.

기초과목은 천문학을 배우기 위해 필요한 과목을 말한다. 수학, 물리학, 전산학 과목들이 이에 해당된다. 대학에 따라 배우는 학년도 다르고 과목들에 차이도 있지만 우선 수학과 관련해서는 미분방정식이나 특수함수를 다루는 수리천문학 또는 천문응용수학의 이름으로 강좌

가 개설된다. 때로는 물리학과와 공동으로 수치물리학을 수강하여 천문학에 필요한 수학적 기반을 다지게 된다.

물리학 관련 과목으로는 역학과 전자기학이 있다. 거의 대부분의 대학에서 이를 개설하거나 물리학과의 과목을 같이 수강하게 한다. 또한 전산 관련 과목으로 프로그래밍 언어나 수치계산 방법 등을 다루는 강좌가 개설된다. 이처럼 기초과목은 천문학을 배우기 위한 도구적 성격의 과목이다.

반면 핵심과목은 천문학 자체의 고유한 영역을 배우게 되는 것이다. 당연히 가장 많은 교과목이 이에 속한다. 핵심 교과목의 이름과 종류도 대학에 따라 다소 다르지만 어느 대학이나 거의 공통으로 개설하는 과목도 있다. 이에 속하는 대표적인 과목은 일반천문학, 관측천문학, 천체물리학 등이다. 일반천문학은 태양계천문학, 항성천문학, 은하천문학으로 나누어서 개설되기도 하고, 대학에 따라서는 일반천문학과 함께 항성천문학과 은하천문학 등이 독립적으로 개설되기도 하는데 이때 일반천문학에서는 항성과 은하에 대해서는 가볍게 다루고 태양계에 더 많은 비중을 두지만 천문학 전 분야를 골고루 배우게 된다. 태양계천문학과 항성천문학은 다루는 범위가 분명하여 대학마다 큰 차이가 없으나 은하천문학은 다루는 범위가 광범위하고 대학에 따라 다소 차이가 있다. 이 외에도 천체역학, 천체분광학, 전파천문학, 변광성과 쌍성, 성간물질, 우주론 등이 핵심과목의 범주에 속한다.

응용과목으로 분류한 것은 천문학을 바탕으로 다른 분야를 응용한 것을 나타내지만 여전히 천문학의 범주에 들 수 있는 것들이다. 예를 들어 우주동력학은 천체 역학에서 인공위성의 궤도 분석을 위해 응용된 것이며, 천문측지학이나 원격탐사 등은 천체의 관측을 통해 지상의 위치를 측정하거나 인공위성을 이용하여 자원을 탐사하는 방법 등을 다루는 학문이다. 어떤 대학에서는 응용우주과학이라 하여 원격탐사나 천문측지학을 함께 다루기도 한다. 이러한 과목과 함께 천문기기에 대한 강좌를 개설하는 대학도 있다. 천문기기와 관련된 강좌에서는 천문기기의 소개와 함께 전자회로나 기계공학의 기초를 포함하는 것은 물론 직접 천문기기를 제작하는 데 기초가 되는 지식을 배우게 된다.

이처럼 기초과목, 핵심과목, 응용과목이라 분류한 것은 설명의 편의를 위하여 학문의 성격에 따라 나눈 것이다. 실제 대학의 교과 과정은 교양과목, 전공과목, 자유선택과목 등으로 나누어지며 앞에서 말한 모든 과목은 전공과목에 속한다. 전공과목은 그 중요도에 따라 다시 필수과목과 선택과목으로 나누어진다. 전공필수과목은 대학에 따라 큰 차이는 없지만 전공선택과목의 종류나 내용은 많은 차이가 있다. 최근 전공필수를 최소화하고 학생에게 전공 선택의 여지를 많이 주는 방향으로 교과목이 구성되고 있다. 자, 지금부터 천문학의 교과목 중 앞에서 말한 핵심과목을 중심으로 알아보자.

학교에 따라서는 천문학개론이라 하기도 한다. 일반천문학은 천문학을 처음 접하는 학생들에게 천문학을 소개할 목적으로 개설되는 강좌이다. 국내 대부분의 대학이 전공필수과목으로 개설하고 있다. 서울대학교나 충남대학교는 일반천문학을 태양계천문학, 항성천문학, 은하천문학으로 나누어 개설하고 있고, 대부분의 다른 대학들은 일반천문학 강좌를 통해 천문학의 개요를 소개하고 있다.

일반천문학 강좌에서는 보통 좌표계 등 별의 위치를 다루는 위치천문학 분야에서 시작하여 천체 역학의 기본 개념 소개를 거쳐 태양계를 먼저 다룬다. 천체 관측의 핵심인 망원경과 검출기에 대해서도 간략하게 다루어 일반천문학 강좌를 통해서도 천체 관측의 기초를 접할수 있다. 물론 망원경을 이용한 천체의 관측도 경험할 수 있다.

'은하천문학'이 가장 멀리 있는 천체들의 연구를 통해 알게 된 우주의 모습을 소개하고 우주의 기원 규명이라는 천문학의 궁극적 질문에 답하는 여정을 소개하는 강좌라면 '태양계천문학'은 가장 가까이 있는 천체인 태양계의 천체들을 통하여 우주의 모습을 엿보려는 강좌다. '태양계천문학'은 대학에 따라 일반천문학에 포함하여 소개하는 정도에 그치는 수도 있고, '태양계 탐사'란 이름으로 제공되기도 하나 태양계천문학이란 명칭으로 강좌가 개설되는 것이 일반적인 방법이다.

태양계에서는 행성이나 소행성 등 태양계를 이루는 천체들의 운동이나 이들의 물리적 특성과 함께 이들이 어떻게 생성되었는지를 다루게 된다. 행성의 운동은 케플러 법칙의 소개에 머무를 수도 있고, 천체역학에 기초하여 소행성이나 혜성의 궤도를 변화시키는 원인이 되는 섭동 현상까지 다룰 수도 있다.

태양계에서 다루는 내용 중 가장 많은 부분을 차지하는 부분은 뭐니 뭐니 해도 우주탐사선을 이용하여 밝힌 행성의 특성일 것이다. 수성 등 눈으로 볼 수 있는 오행성에는 모두 개별적인 우주탐사선이 보내졌고 이로부터 이들 행성의 생생한 모습이 관측되어 행성이 어떻게 만들어져서 어떻게 진화해 왔는지를 연구하는 중요한 자료가 되고 있다. 태양계천문학에서는 이러한 행성 탐사에 대한 자세한 소개를 통해 학생들이 우주의 신비에 쉽게 접근할 수 있게 한다.

학부 과정에서 태양을 따로 떼어내어 한 학기 정도를 할애하여 가르치는 곳은 없고 대부분 일반천문학 강좌에서 태양을 1~2주 정도 다루어 항성으로서의 태양을 소개한다. 항성의 내부 구조와 진화, 별의 생성과 죽음 등과 함께 쌍성이나 변광성 등 항성천문학의 핵심 분야에

대해서는 일반천문학에서는 간단히 배
우고 자세한 것은 항성천문학에서 배우
게 된다. 물론 대학의 교과 과정에 따라
달라진다.

항성천문학을 따로 배우더라도 항성의 내부
구조와 진화는 일반천문학 강좌에서도 중요
하게 다루어진다. 별의 탄생과 죽음, 구조와 진화 등 항성과 관련
된 부분이 여전히 천문학의 중요한 연구 대상이지만 연구의 중심이
점점 은하와 우주론 쪽으로 옮겨가고 있다. 따라서 1980년대 이후에
일반천문학에서 다루는 내용의 무게 중심이 은하로 이동하고 있다.

일반천문학에서 이렇게 강조하는 내용이 달라지는 이유는 천문학이
발달할수록 은하 연구의 중요성이 커지고 새로 발견되는 내용이 많아
지기 때문이다. 대형 망원경이 귀했던 1980년대 이전에는 은하의 관
측이 어려워 은하 연구가 활기를 띠지 못했다. 반면 1~2m 정도의 망
원경으로도 관측하기 쉬웠던 별의 연구가 상대적으로 활발히 이루어
졌다. 때문에 항성의 구조와 진화에 대해서는 1970년대에 이미 비교
적 많은 내용을 알 수 있었다.

1990년대 이전에 쓴 일반천문학 교재를 보면 은하보다는 별에 대해
더 많은 것을 다루고 있다. 예를 들어 퀘이사만 하더라도 1990년대 이
후에는 퀘이사가 은하의 핵이라는 것을 모두 알고 있고 일반천문학
책에서도 퀘이사의 특성을 비교적 자세히 다루고 있다. 하지만 내가

대학을 다니던 1970년대 초에 출간된 〈천문학 및 천체물리학서론〉에서는 퀘이사를 준항성체라 불렀다. 그 정체가 별인지 아닌지도 알 수 없었을 뿐 아니라, 가까이 있는 천체인지 멀리 있는 천체인지도 구분이 되지 않은 상태였다. 퀘이사의 가장 큰 특징은 큰 적색이동을 보인다는 것이었는데 그 당시 이론으로는 관측된 적색이동을 해석할 수 없었던 것이다. 퀘이사가 은하의 핵으로서 핵 속 초거대 블랙홀에 의해 나오는 에너지로 밝혀진 것은 1980년대 후반이었다.

우주의 중요한 구성체인 성간물질에 대한 소개도 일반천문학에서 다루는 중요한 주제이다. 성간물질이 중요한 이유는 별의 탄생이 성간물질에서 이루어지기 때문이다. 은하의 진화나 태양계와 같은 행성계의 탄생을 이해하기 위해서는 성간물질에 대한 연구가 필수적이다. 때문에 일반천문학 강좌에서는 성간물질의 특성에 대한 소개와 함께 성간물질을 별의 탄생과 관련지어 설명하고 있다. 최근에는 은하뿐만 아니라 은하로 이루어지는 우주의 거대 구조에 대한 설명과 우주배경복사의 특성 등에 많은 중점을 두고 있다.

아직은 우주가 어떻게 시작했는지에 대해 관측을 통해 검증하는 것이 불가능하다. 하지만 은하의 생성이나 우주의 거대 구조의 기원이 무엇인지에 대해서는 이제 그 실마리를 찾기 시작했다. 일반천문학에서도 은하의 분포나 우주배경복사의 특성 등 관측된 우주의 모습을 중심으로 우주의 구조와 진화 설명에 더 많은 분량을 할애하고 있다.

30년 동안 최고의 자리를 지킨 일반천문학 교재

일반천문학 교재로 가장 많이 사용된 것은 1973년에 초판이 발행되어 1997년 4판이 나온 스미드와 제이콥스의 〈천문학 및 천체물리학서론〉 이다. 나를 포함하여 국내의 거의 모든 학자들이 이 책을 통해 천문학을 접했다고 해도 과언이 아닐 것이다. 이 책은 위치천문학을 포함하여 천문학의 거의 모든 분야를 망라하고 있다.

나 역시 20년 이상 대학에서 이 책을 주 교재로 강의하였고 지금도 여전히 많은 대학에서 일반천문학의 주 교재로 사용되고 있다. 천문학 교육과 이 책을 떼어서 말하기 어려울 정도다. 그러나 몇 년 전부터 이 책이 더 이상 출판되지 않고 있다. 지난 10년간 천문학 발전이 많이 이루어져 새로운 교과서가 필요한 상황이라 곧 다른 책이 출판되어 이 책의 역할을 대신하리라 생각된다.

직접 별을 보는 감동!
관측천문학 시간

많은 대학에서 필수로 다루는 관측천문학은 때로는 천체관측법 또는 천문관측법이라고도 불리지만 관측천문학이라는 말이 보다 포괄적이다. 천체관측법이 말 그대로 천체의 관측 방법에 국한된 표현이라면 관측천문학은 천체의 관측 방법과 관측 자료의 처리 방법 등을 다룬다. 물론 다양한 천체 관측기기 등에 대한 소개도 덧붙여진다. 천체의 관측은 천문학의 가장 중요한 과정이기 때문에 관측천문학은 실습과 함께 대개 두 학기에 걸쳐 배운다.

관측천문학에서는 육안 관측과 함께 주로 별의 밝기를 측정하려는 측광 관측과 별이 방출하는 빛의 파장에 따른 에너지 분포, 즉 스펙트럼을 관측하는 분광 관측을 배운다. 최근에는 이러한 관측은 모두 기기를 이용하여 별빛을 정량적으로 측정하는 것으로 주로 전문적인 천문학자들이 수행하는 천체 관측 방법이다. 어쩌면 생소하고 재미없을 수도 있을 것이다. 하지만 실망하지 마시라. 대학의 관측천문학 강좌

미리 체험해 보는
천문학과 원정기

에서 이런 전문적인 것만 다루는 것은 아니다.

천체 관측을 하기 위해서는 별의 위치를 알아야 하고, 망원경을 이용하여 별을 찾을 수 있어야 한다. 때문에 망원경을 이용해 천체를 관측하는 것은 소홀히 할 수 없는 것이고 천문학을 배운 학생이라면 반드시 거쳐야 할 과정이다. 실제 사진이나 CCD와 같은 정밀한 빛 검출기가 없었던 과거에는 천문학자들도 육안으로 관측할 수밖에 없었다. 메시에나 허셀 같은 대표적 관측천문가도 평생을 망원경을 이용하여 밤하늘의 천체를 관측하는 즐거움을 누렸다.

대학의 관측천문학 강좌는 관측 실습과 함께 이루어진다. 실습 시간에는 먼저 망원경을 다루는 방법과 망원경을 이용하여 육안으로 천체를 관측하는 법을 배운다.

눈으로 천체를 보는 것은 재미있을지 모르지만 천체의 특성을 파악하기 위한 방법으로는 적합하지 않다. 따라서 대부분의 대학에서는 관측천문학 실습 시간에 천체의 측광을 수행하여 보고서를 작성하게 하여 천체의 물리적 특성을 정량적으로 연구하는 기회를 갖게 한다. 관측 자료로부터 천체의 물리적 특성을 얻기 위해서는 관측 자료의 처리 방법을 알아야 한다. 때문에 관측천문학 강좌에서는 천체의 관측 방법 못지않게 자료 처리 방법이 중요하게 다루어진다.

천체의 측광을 위해서는 별빛을 검출하는 장치가 필요하다. 과거에는 사진건판이나 광전증배관이 많이 사용되었지만, 1980년대부터는 CCD를 사용하였다. CCD는 사진처럼 2차원 영상 촬영이 가능하며

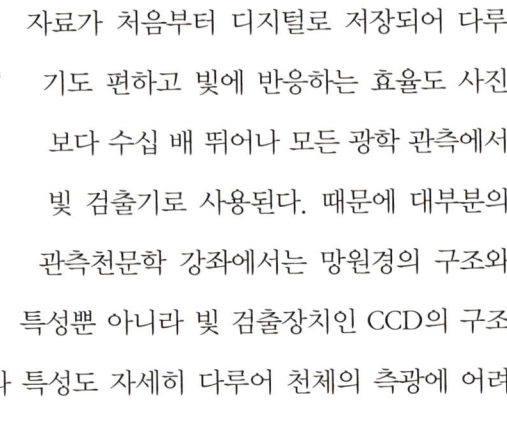

자료가 처음부터 디지털로 저장되어 다루기도 편하고 빛에 반응하는 효율도 사진보다 수십 배 뛰어나 모든 광학 관측에서 빛 검출기로 사용된다. 때문에 대부분의 관측천문학 강좌에서는 망원경의 구조와 특성뿐 아니라 빛 검출장치인 CCD의 구조와 특성도 자세히 다루어 천체의 측광에 어려움이 없게 한다.

대부분의 대학에서 측광을 위한 기본적인 도구로 CCD를 갖추고 있기 때문에 학생들은 관측천문학을 수강하며 관측 계획을 세우고 한 학기 동안 관측을 마음껏 즐길 수 있다. 이처럼 관측천문학 강좌에서는 천체를 관측하고 그 자료를 처리하는 방법을 학습할 뿐 아니라 직접 천체를 관측하여 결과를 도출하는 전 과정을 수행한다.

천체의 관측은 작은 주제라 하더라도 많은 시간이 들기 때문에 보통 한 학기 동안 관측을 수행하여 학기말에 보고서를 작성하는 경우가 많다. 학생들이 관측 실습에 사용할 수 있는 망원경은 대개 구경이 40㎝ 전후이고 학교가 대부분 도시에 있기 때문에 관측 대상에 많은 제한이 있다. 90년대 이전에는 대학의 망원경을 이용한 사진 측광이나 광전 측광은 거의 불가능하였다. 그래서 대부분의 학생들은 주로 밝은 별의 측광 관측만을 했다. 물론 CCD가 보급된 90년대 이후에는 60㎝ 정도의 소구경 망원경으로도 은하의 측광이 가능해 관측 대상의 제한이 많이 해소되었다.

하지만 여전히 학생들이 가장 선호하는 관측 대상은 아마 변광성과 성단일 것이다. 변광성이 학생들의 관심을 많이 끄는 이유는 다른 것에 비해 관측이 단순하고 자료의 처리도 비교적 정형화되어 있어 쉽게 결과를 도출할 수 있기 때문이다. 변광성 관측은 관측 기간 내내 망원경이 대상 변광성과 이와 비교할 목적으로 관측하는 별만 향하기 때문에 이들을 찾는 데 많은 시간이 걸리지 않는다. 성단의 관측이나 다른 천체의 관측에서는 별의 절대적인 밝기를 측정해야 하기 때문에 날씨 조건에 많은 영향을 받지만, 변광성 관측은 비교성에 대한 변광성의 상대적 밝기 변화만 측정하면 되어서 변광성과 비교성이 보이기만 하면 관측이 가능하다는 장점이 있다.

과거에도 그랬지만 지금도 국내에서 이루어지는 전문적인 관측은 대부분 변광성 관측에 집중되어 있다. 우리나라의 날씨 조건이 천체의 절대 측광을 하기에는 적절하지 못하고 상대 측광에 유리하기 때문이다. 이런 점을 고려하면 대학에서 이루어지는 관측 실습 대상으로 변광성이 선호되는 것은 어쩌면 자연스러운 일인지도 모르겠다. 더구나 우리나라가 유일하게 국제 경쟁력을 가지고 있는 관측 분야도 변광성 관측 분야이다. 그러니 연구의 최전선에서나 대학의 관측 실습에서 변광성 관측이 인기를 끄는 것은 당연한 일이다.

그러나 학문은 항상 도전을 요구한다. 천문학자들이 더 큰 망원경을 요구하는 것은 미지의 세계를 개척하기 위함이다. 새로운 일에는 항상 시련이 따르기 마련이다. 성단의 관측이나 은하의 관측이 변광성의 관측보다는 날씨나 관측기기에 제한을 많이 받는다. 따라서 이러한 관측은 성공할 확률이 낮지만 성공했을 때 성취감은 더 클 것이다. 그래서인지 항상 어려운 대상을 택하는 학생들도 있다. 난 이런 학생들을 더 사랑한다. 결과가 뻔히 보이는 쉬운 길로 가지 않고 도전이 기다리는 어려운 길을 찾는 것은 젊은이들이 해야 할 일이고 학자라면 평생 유지해야 할 자세이기 때문이다.

성단의 관측이 비록 날씨의 영향을 받아 성공을 기약하기 어렵다 하더라도 성단의 관측에서는 얻을 수 있는 것이 많다. 별의 거리와 나이 등 중요한 물리량을 관측을 통해 직접 도출할 수 있기 때문이다. 스스로 관측한 것으로부터 내가 바라보는 별의 거리도 재고 나이도 알 수 있다고 상상해 보자. 나의 힘으로 우주의 신비를 엿본 기분이 아니겠는가. 상대를 만나고 사랑하는 즐거움이 사람과 사람 사이에만 있는 일이 아니다. 나와 별 사이에도 가능한 일이다.

은하의 관측은 성단의 관측보다 더 도전적이다. 은하가 우리은하계와 같이 수천억 개의 별로 이루어져 매우 밝을 것 같지만 그 거리가 멀어 육안으로 관측하기 어렵다. 그나마 안드로메다은하처럼 가까이 있는 은하는 망원경을 이용한 육안 관측도 가능하지만 대부분의 은하들은 망원경으로 보더라도 찾기가 어렵기 때문에 은하의 측광을 위해 망원경의 시야에 은하를 넣는 일 자체가 어렵다. 그러니 은하의 관측이 학생들에게는 도전적인 일이 될 수밖에 없다.

그러나 생각해 보자. 내가 빛으로 가더라도 천만 년 이상 떨어져 있는 은하를 직접 눈으로 볼 때의 감동이 어떠하겠는지를. 관측이 어려울수록 우리가 우주와 교감하는 것이 많을 테니 은하의 관측도 해볼 만한 일이다.

관측천문학은 이처럼 학생들이 천체의 관측 방법만을 배우는 것이 아니라 천체를 직접 관측하여 우주와 소통하는 기회를 갖게 한다는 점에서 특별한 과목이라 할 수 있다.

국내에서 이루어지는 전문적인 관측은 대부분 변광성 관측에 집중되어 있다. 우리나라의 날씨 조건이 천체의 절대 측광을 하기에는 적절하지 못하고 상대 측광에 유리하기 때문이다.

천체의 측광과 함께 천체 관측의 다른 한 축을 이루는 천체 분광학은 대학의 망원경이나 장비로는 실습하기에 많은 어려움이 따른다. 몇몇 대학에서 간이 분광기를 보유하고 있고, 이를 망원경에 부착하여 천체를 관측할 수 있지만 망원경의 구경이 작기 때문에 아주 밝은 별의 스펙트럼을 얻을 수 있는 정도에 지나지 않는다. 따라서 천체분광학은 실습보다는 분광학 이론을 소개하고, 천체분광기 등을 소개함으로써 앞으로 기회가 닿을 때 분광 관측을 수행할 수 있는 기본 지식을 제공하는 것을 주된 목적으로 한다.

우리나라는 대학뿐 아니라 국가적 차원에서도 분광학적인 연구가 많이 뒤떨어져 있다. 그 이유는 국내에 대형 망원경이 없어 흐린 천체의 분광 관측이 불가능하기 때문이다. 2005년 천문연구원은 보현산 천문대에 긴슬릿 분광기와 에셸 분광기를 제작하여 사용할 수 있게 하였다. 덕분에 그나마 약 12등성보다 밝은 천체들은 양질의 스펙트럼을 얻을 수 있게 되었고, 밝은 은하의 분광 관측도 가능해졌다. 그러나 여전히 망원경 구경이 너무 작아 흐린 별이나 은하의 관측은 불가능하다. 때문에 분광학 분야에선 국제 경쟁력을 가질 수 없는 상황이다. 우리나라가 거대 망원경 사업에 참여하려는 이유도 바로 우주의 신비를 밝히는 가장 강력한 수단인 분광 관측 환경을 갖추기 위함이라 해도 과언이 아닐 것이다.

관측천문학에서 대부분의 실습은 광학망원경을 이용하여 이루어진다. 하지만 천체의 관측이 가시광선 영역에서만 이루어지는 것은 아니다. 천문학에서는 모든 파장대의 빛을 이용하여 천체를 관측하는데, 짧게는 감마선부터 길게는 전파까지 다양하다. 이 중 지상에서 관측이 가능한 것은 가시광선과 전파 영역으로 광학망원경과 전파망원경이 이들 파장대의 빛을 관측할 수 있는 망원경이다.

광학망원경은 소형망원경이지만 거의 모든 대학에 갖추어져 있다. 하지만 학생들이 사용할 수 있는 전파망원경이 있는 대학은 서울대학교뿐이다. 전파망원경을 직접 보고 관측이 어떻게 이루어지는지 보기 위해서 다른 대학의 학생들은 대덕 전파 천문대나 서울대학교를 방문하여 견학 실습을 한다. 곧 연세대학교 교정에도 천문연구원에서 추진하는 KVN 사업의 일환으로 구경 21m의 전파망원경이 설치될 예정이니 학생들의 견학을 통한 학습은 보다 용이해질 것이다.

미리 체험해 보는
천문학과 원정기

산따라 별따라 천문대 여행–우리나라 편

천문학이 참으로 매력적인 이유 중의 하나는 바로 여행을 많이 할 수 있다는 점이다. 그것도 보통 사람은 가보기 어려운 장소를 많이 여행하게 된다. 왜 그렇게 많은 여행을 하느냐고? 천문학이란 학문의 본질이 여행을 많이 필요로 하기 때문이다. 즉, 천문학자가 연구를 위해서는 천체를 관측해야 하고 천체의 관측을 위해서는 천문대에 가야 하는데 대부분의 천문대가 오지와 같은 높은 산 위에 있기 때문이다.

관측을 하지 않는 이론천문학자는 어떨까? 현대천문학에서 관측과 무관한 연구를 하는 사람은 그다지 많지 않지만 이들도 천문대를 방문할 기회는 적지 않다. 예를 들면 국제 학술회의에 참석하면 학술대회가 끝난 후나 도중에 하루 혹은 반나절 정도 짬을 내어 명소를 투어하기 마련이다. 만약 천문대가 가까이 있으면 대부분의 투어가 천문대 견학을 중심으로 진행되기 때문에 관측 목적이 아니더라도 천문대를 방문할 기회는 이래저래 많은 편이다.

자, 여러분이 천문학자가 되면 어떤 곳에서 천체의 관측을 할 수 있을까? 나와 함께 신나는 천문대 여행을 떠나보자!

별을 닮은 소백산 천문대

1976년에 설립된 최초의 현대적인 천문대로서 주 망원경으로 구경 61cm의 반사망원경을 갖추고 있다. 소백산 천문대는 나도 대학원 시절에 많이 다녔던 천문대로 보현산 천문대가 건설되기 전까지 우리나라

광학천문학의 메카 역할을 하였다. 하지
만 그 자리를 보현산 천문대에 물려주고
지금은 변광성의 측광 등 주로 별의 연
구에 많이 사용되고 있다. 죽령고개에서
올라가거나 희방사 앞으로 난 비로봉 가
는 등산로를 따라가면 먼저 제2연화봉
이 나오고 제2연화봉에서 남쪽으로 방
향을 잡아 5분쯤 내려오면 2개의 돔을

소백산 천문대의 전경. 뒤로 첨성대를
닮은 태양망원경 돔이 보인다.

갖춘 천문대를 볼 수 있다. 맞은편에는 첨성대의 모습을 닮은 태양망원경 돔
이 있다.

밤낮으로 관측하는 전파천문대

천체 관측의 대부분은 가시광선 영역의 빛을 관측하는 광학망원경을 사용하
지만 성간물질에서 방출되는 전파 영역의 빛을 관측하기 위해서는 전파망원
경을 사용한다. 대전 대덕에 구경 14m의 안테나를 갖춘 전파망원경이 있어
전파 영역 중에서도 주로 탄소 분자에서 방출되는 밀리미터보다 짧은 파장
영역의 전파를 관측하고 있다.

서울대학교에는 지름 6m의 비교적 작은 안테나를 이용한 수소선을 관측하
는 전파망원경이 있다. 이런 종류의 소구경 전파망원경은 공간 분해능이 떨
어지지만 시야가 넓기 때문에 전천 탐사와 같은 하늘의 넓은 영역을 탐사하
는 데 주로 사용된다. 전파망원경이 광학망원경과 크게 다른 점은 낮에도 관
측이 가능하다는 점이다. 밤에만 별 볼 일이 있는 것이 아니라 낮에도 있다는

말이니 더욱 구미가 당기지 않는가.

주목할 만한 것은 서울대학교가 건설한 구경 6m의 전파망원경이다. 2.6~3.4mm 대역의 우주전파를 관측할 수 있는 망원경으로 우리은하에 있는 성간구름이나 초신성 잔해, 외부 은하 등을 탐사하고 있다. 국내 대부분의 대학이 소구경이긴 하나 대부분 광학망원경을 갖추고 있는 데 반해 전파망원경을 갖춘 곳은 서울대학교가 유일하다. 이는 국내의 대학에 전파천문학을 전공한 교수가 거의 없는 것도 한 원인이지만 우주에서 오는 전파를 잡을 수 있는 성능의 전파망원경이 광학망원경에 비해 상대적으로 고가이기 때문이기도 하다.

최근에는 국내의 세 곳에 구경 20m의 서브밀리미터 전파망원경을 건설하여 이를 동시에 사용하여 같은 천체를 관측함으로써 1초 이하의 분해능을 구현하는 한국우주전파관측망(KVN) 사업이 진행 중이다. 한 대는 서울 연세대 교정에 설치하여 KVN 사업의 본부로 삼고, 다른 두 대는 울산의 울산대와 서귀포의 탐라대에 두어 망원경 사이의 거리가 수백 km에 달하는 세 대의 망

대덕 전파망원경의 돔 모습이다. 전파망원경의 안테나는 돔 안에 설치되어 있으며 천체에서 온 전파는 돔을 투과하여 안테나에 들어온다.

원경으로 빛의 간섭 현상을 이용한 간섭계로 사용하게 된다. 이미 연세대의 망원경은 건설이 완공되었고, 울산과 서귀포의 망원경도 2008년 말까지는 완공될 예정이다. 이 망원경이 완성되어 천체가 내는 전파를 간섭 현상을 이용하여 관측할 수 있게 되면 우리나라의 전파관측 수준도 한 단계 높아져 세계적인 연구를 할 수 있는 기반이 갖추어지는 셈이다.

광학천문학의 메카, 보현산 천문대
보현산 정상 부근에 위치한 보현산 천문대는 1.8m의 반사망원경 외에도 태양망원경을 갖추고 있으며, 1m 망원경을 위한 돔도 따로 있다. 비교적 근래에 만든 천문대답게 천문대까지 가는 길이 잘 포장되어 있어 자동차로 쉽게 갈 수 있으며 산 아래에 있는 마을인 정각에서는 걸어서 2시간 정도 걸린다. 보현산 천문대는 국내에서 분광기가 갖추어진 유일한 천문대로 별이나 은하의 스펙트럼 관측에 사용된다.

보현산 천문대의 에셸 분광기는 보현산 천문대에 근무하는 김강민 박사가 제작한 것으로 동일한 분광기 중 세계 최고의 성능을 자랑한다. 이를 이용한 주요 관측 프로그램 중에는 태양계 바깥에 있는 외계 행성을 찾는 관측이 있다. 이러한 관측이 가능한 이유는 에셸 분광기의 속도 정밀도가 뛰어나 외계 행성의 영향에 의해 변하는 별의 운동을 감지할 수 있기 때문이다. 여러분이 들으면 놀라겠지만 세계 최고 수준의 에셸 분광기를 만든 김강민 박사는 엔지니어

가 아니라 관측천문학자다. 이처럼 천문학에서는 천체 관측에 필요해 천문학자들이 직접 관측기기를 설계하고 제작하는 경우가 많다.

나도 소백산 천문대와 보현산 천문대를 많이 다녔는데 특히 소백산 천문대를 다닐 때에는 도로가 제대로 정비되어 있지 않았고 차도 없었다. 때문에 드라이아이스와 관측 장비를 등에 메고 등산을 해야 했다. 다행히 나는 대학시절에 등산 활동을 하였기 때문에 20kg이 넘는 짐을 지고 가파른 희방사 앞길을 오르내리는 것이 어렵지 않았다.

보현산 천문대의 경우 전국에서 가장 맑은 날이 많은 지역을 천문대 부지로 정하였으나 외국과 비교하면 여전히 열악하다. 관측이 가능한 날이 100일이 채 되지 않고 그나마 측광 관측을 할 수 있는 날은 수십 일에 지나지 않는다. 보현산 천문대가 건설된 초기에 시험 관측을 많이 하였는데 겨울철에는 눈 때문에 도로가 통제되는 일도 잦았다.

천체물리학과 우주론 시간

대부분의 대학에서 제공하는 천체물리학 강좌는 천체물리학서론 또는 기초천체물리학 등의 이름으로 개설된다. 그 이유는 대학의 학부 과정에서 다룰 수 있는 천체물리학은 개론 정도의 수준이기 때문이다. 천체물리학이 워낙 광범위한 내용을 담고 있어 대부분 두 학기에 나누어 강의한다. 또한 대학마다 강의 내용이 조금씩 다르므로 어떤 분야를 다루는지 살짝 엿보기 위해 학과의 홈페이지를 방문해 천체물리학 강의 내용들을 살펴보는 것도 좋다.

우리나라에서 가장 먼저 천체물리학 강좌를 개설한 서울대학교의 강좌 내용을 보자. 천체물리학개론I과 천체물리학개론II로 두 학기에 나누어 개설되어 있으며 천문학에서 만나게 되는 중요한 천체물리학을 거의 다 소개하고 있다. 첫 학기에는 성간물질이나 은하 간 물질로 존재하는 기체의 흐름과 불안정성 등을 다루는 천문기체역학과 복사의 물질과의 상호작용이나 스펙트럼의 형성 등을 다루는 내용들을 배운

미리 체험해 보는
천문학과 원정기

다. 두 번째 학기에서는 성단이나 은하, 은하단과 같은 항성계의 역학이나, 일반상대론에 기초한 우주론의 개관과 우주 거대 구조의 생성이나 우주배경복사 등 현대천문학의 제 문제를 배운다.

연세대학교의 경우에도 두 학기로 나누어 기초천체물리학I과 기초천체물리학II를 개설하고 있으나 그 내용은 서울대학교와는 다소 다르다. 기초천체물리학I에서는 천체물리학 분야 중 천체역학 분야가 많이 강조되어 태양계 천체들의 운동이 심도 있게 다루어지고 있다. 또한 인공위성을 이용한 우주과학의 소개도 함께 이루어진다. 기초천체물리학II에서는 항성, 은하, 성간매질, 우주 등 순수천문학의 이해에 필요한 천체물리학의 기초가 다루어진다. 연세대학교의 천체물리학 과목의 중요한 특징은 교과 과정에 일반천문학처럼 천문학을 전공하는 학생들을 위한 개론 과목이 따로 개설되어 있지 않아 기초천체물리학이 일반천문학과 천체물리학개론의 역할을 동시에 수행하고 있다는 점이다.

경희대학교는 학과 이름이 우주과학과로 되어 있어 자칫 천문학이나 천체물리학이 중심이 아닌 것처럼 보일 수 있으나 학과에서 개설하는 강좌를 보면 로켓시스템이나 위성 및 추진체 등 우주과학에 해당되는 고유한 강좌도 있지만 순수 천문학 관련 과목 중심으로 교육 과정이 구성되어 있다. 역시 두 학기

대학마다 강의 내용이 조금씩 다르므로 어떤 분야를 다루는지 살짝 엿보기 위해 학과의 홈페이지를 방문해 천체물리학 강의 내용들을 살펴보는 것도 좋다.

에 나누어 천체물리학을 개설한다. 강좌 이름도 그대로 천체물리학I, II로 되어 있고, 역학, 전자기학, 유체역학, 상대성이론 등 천문 현상을 이용하는 데 필요한 기초 물리학을 강의한다.

국내의 사립대학 중 가장 늦게 만들어졌으나 우주구조와 진화 센터를 유치하면서 학교의 전폭적인 지원을 받고 있는 세종대학교에서는 전 교과과정을 천문학, 컴퓨터, 천체물리학의 세 영역으로 나누었다. 이 중 천체물리학 영역에 천체역학개론, 수리천문학, 천문유체역학, 현대우주론 입문과 함께 천체물리학개론이 한 학기 강좌로 개설되어 있다. 짐작할 수 있겠지만 천문유체역학 등 여러 과목이 별도로 개설되어 있기 때문에 천체물리학개론에서는 각 분야를 깊이 있게 들어가기보다 천체 현상을 이해하는 데 필요한 물리학에 대한 기초 지식을 배우게 된다.

이 외에도 충남대학교, 충북대학교 및 경북대학교에서 천체물리학이나 기초천체물리학이란 이름으로 두 학기에 나누어 강의를 개설하고 있다. 내용은 서울대학교나 연세대학교의 범주를 벗어나지 않는다. 충남대학교의 교과 과정이 전체적으로 이론적인 부분에 치우쳐 있고, 충북대학교의 교과 과정이 관측 분야를 더 강조하고 있다는 차이점이 있다. 경북대학교의 경우에는 대기과학이라는 지구과학의 다른 한 분야의 학문과 공통으로 과를 구성하고 있는데, 천문학 강좌는 충분히 제공되고 있으며, 이 중에서도 천체물리학 강좌는 어느 대학 못지않게 깊이 있는 내용을 자랑한다.

우주론은 모든 대학에 개설되어 있지는
않다. 개설된 경우에도 외부 은하와 우주
론의 형태로 개설되어 관측 현상의 설명을
강조하는 경우도 있고, 현대우주론 또는
우주론이란 이름으로 개설되어 관측 현상을
설명하는 이론의 소개가 중심이 되는 경우도
있다. 그러나 어느 경우에나 우주의 거대 구조나 우주배경복사의 특
성 등 관측된 우주의 거시적인 모습을 개관하며 이제까지 밝혀진 우
주의 모습을 먼저 소개한다.

관측된 우주의 가장 중요한 특성은 우주가 팽창하고 있다는 것이다.
우주가 팽창하고 있다는 것을 글자 그대로 풀이해 보면 우주가 시간
이 지날수록 커지고 있다는 것이다. 이 말은 우리가 시간을 과거로 거
슬러 올라가면 갈수록 우주의 크기가 작아진다는 것이다. 우주가 작
아지면 우주의 상태는 어떻게 변할까? 이러한 물음이 결국 우주의 기
원을 생각하는 근원적인 물음을 낳고 현대우주론을 낳게 되었다.

관측 현상의 설명을 중심으로 하든 이론의 소개를 중심으로 하든 모
든 우주론 강좌에서는 우주의 팽창이 발견된 후 이를 설명하려는 이
론들을 소개하는데 여기서 현대우주론의 근간이 되는 빅뱅 우주론 또
는 대폭발 우주론과 함께 정상우주론을 만나게 된다. 정상우주론은
1960년대 후반 빅뱅 우주론에서 예측한 우주배경복사가 관측되어 설
자리를 잃었지만 그 생각은 매우 독창적이다. 즉, 아무것도 없는 상태

에서 연속적인 물질의 생성이 가능하다는 가설, 즉 무(無)에서 유(有)가 생길 수 있다는 가설은 과학적 사유의 궤를 넘어서는 독창성이 없었다면 생각할 수 없는 일이다. 물론 독창적이라는 것이 옳다는 것을 보장하지는 않지만 우주론 강좌는 우주를 보는 다양한 생각들을 접할 수 있게 해줄 것이다.

우주론을 본격적으로 맛보기 위해서는 미분기하학이라는 새로운 수학적 지식이 필요하다. 그 이유는 우주론의 이론적 근간은 일반상대론이고 일반상대론에서는 미분기하학을 이용하여 수식을 전개하기 때문이다. 때문에 우주론을 본격적으로 배우기 위해서는 수학에 좀더 많은 투자를 해야 한다. 그러나 복잡한 수학이 싫다고 우주론 분야의 연구를 피할 필요는 없다. 현대우주론은 관측을 바탕으로 이루어진다. 우주론 분야에서 관측천문학자가 할 일은 여전히 많기 때문이다.

그 밖의 과목들 살펴보기

study #05

천문학 강좌는 이 외에도 많이 있으며 대학에 따라 개설 여부가 다르다. 예를 들어 고천문학 같은 강좌는 충북대학교에만 개설되어 있고, 외계 생명체 강좌는 서울대학교에만 개설되어 있다. 이렇게 대학마다 개설하는 강좌가 다른 이유는 대학에 따라 특색이 있고, 전공하는 교수가 있는지의 여부와도 관련이 있다.

이러한 것과는 조금 다른 강좌로 전파천문학이라는 강좌가 있다. 이 강좌는 교과목의 이름이 조금 독특하여 천체를 관측하는 파장이 전면에 드러나 있다. 사실 천문학에는 적외선천문학, 자외선천문학, 엑스선천문학, 감마선천문학 같은 말도 있다. 모두 우주과학이 발달하여 지구 대기 밖에서도 관측이 가능해지면서 생긴 말이다. 이 중에서 적외선의 경우에는 지상에서도 일부 파장에서 관측이 가능하기 때문에 우주망원경이 본격적으로 만들어지기 전에도 관측이 이루어졌다. 그러나 적외선천문학이라는 말이 본격적으로 사용되기 시작한 것은

IRAS라 불리는 적외선 우주망원경으로 전천 관측을 수행한 후부터다. 전파천문학이란 무엇일까? 한마디로 말하면 전자기파 중 파장이 마이크로미터 이상인 전파를 이용하여 천체를 관측하고 이로부터 천체 현상을 이해하려는 학문이다. 이 말은 전파로 관측하여야만 그 천체의 특성을 알 수 있다는 말과 같다. 전파천문학 강좌에서 배우게 되는 것은 바로 이러한 전파관측으로 밝혀진 천체 현상들이다. 물론 전파망원경의 구조와 특성에 대한 소개도 이루어진다.

모든 천체는 전파를 방출한다. 그러나 별과 같은 천체가 대부분의 에너지를 가시광선 영역에서 방출하여 광학망원경으로 관측하는 것이 유리한 반면 차가운 가스로 이루어진 성간구름은 전파 영역에서 대부분의 에너지를 방출하기 때문에 전파망원경으로 관측하는 것이 더 유리하다. 때문에 우리은하계가 나선은하라는 것을 처음으로 밝힌 관측은 전파망원경을 이용한 것이었고 성간구름에 존재하는 각종 분자를 관측할 수 있었던 것도 전파망원경을 이용한 관측이었다. 전파망원경의 기능이 향상되면서 외부 은하에 있는 성간물질의 관측도 이루어지고 있다.

대부분의 대학에서는 위에서 다룬 강좌 외에도 적지 않은 분야가 전공선택과목으로 소개된다. 이 과목들이야말로 대학의 특성에 따라 상당한 차이가 있다. 이들 중에는 우주과학 관련 강좌가 비교적 많은데 그 이유는 학생들이 졸업 후 항공우주연구소와 같이 우주과학 분야로 진출할 수 있도록 하기 위함이다. 이런 점에서 가장 두드러진 대학은

미리 체험해 보는
천문학과 원정기

경희대학교로 학과의 명칭이 우주과
학과로 되어 있듯이 인공위성의 궤도 계
산을 위해 필요한 우주비행역학이나 위성
궤도 계산, 로켓시스템 같은 것이 대표적
강좌라 할 수 있다.

또한 우주에서의 천체 관측의 가장 쉬운 응
용으로 원격탐사가 있다. 우주과학이 발달할수록 지하자원, 해양이나
기상 관측 등 각 분야의 탐사가 인공위성을 이용하여 원격으로 이루
어지는데 이러한 탐사를 모두 원격탐사라 부른다. 사람이 가서 직접
시료를 채취하거나 측정하지 않고 인공위성에 부착한 카메라를 이용
하여 원하는 파장대의 사진 영상을 얻어 컴퓨터로 이를 분석하는 작
업이 원격탐사이니 천체 관측이 어쩌면 원격탐사의 원조인 셈이다.
대학에 따라서는 원격탐사와 함께 별도로 천체 영상을 분석하는 방법
등을 주 내용으로 다루는 곳도 있다.

이 외에 많이 개설되는 과목은 천체 관측기기와 관련된 과목들이다.
이러한 과목에도 여러 가지가 있는데 관측기기의 제작에 필요한 기초
지식인 전자공학 관련 과목은 학과에서 자체적으로 제공하기도 하고
타 과의 과목을 전공으로 인정하여 수강하게 하기도 한다. 천문학에
서 관측기기는 다른 학문과 비교할 수 없을 정도로 중요하기 때문에
관측기기의 특성을 이해하는 데 필요한 기초적인 지식은 매우 중요하
다. 때로는 천문학자들이 새로운 관측을 위해 관측기기를 개발해야

하기 때문에 관측기기에 대한 이해와 함께 전자 공학이나 광학 등 관측 장비의 개발에 필요한 기초 지식을 많이 습득해 두는 것이 좋다.

천문학자들에게 중요한 또 다른 교과는 수치 모형 계산이나 자료 처리를 위한 프로그램 언어와 방법에 관한 것이다. 천문학 연구의 순서를 보면 우선 천체의 관측이 이루어지고, 관측 자료를 처리하여 천체의 물리량을 도출할 수 있는 자료로 만든 후, 이를 수학적 기법이나 통계학적 기법을 이용하여 해석한다. 이 과정에서 수학과 물리학적 지식이 필요하고 많은 자료로부터 통계적 성질을 알려는 경우에는 통계적 기법이 필요하다. 이론천문학자들은 이렇게 관측천문학자가 얻은 관측 결과를 수학적 모형이나 수치 모형과의 비교를 통하여 관측 결과가 무엇을 의미하는지 또는 관측 결과가 보여주는 우주의 특성이 무엇으로부터 유래하였는지 등을 연구하게 된다.

관측 자료의 처리를 위해서나 수치 모형을 만들기 위해서는 컴퓨터를 이용하여 계산을 수행하거나 컴퓨터를 제어하는 데 필요한 언어를 알아야 한다. 과거에는 대부분의 프로그램이 포트란 언어로 만들어졌으나 최근에는 C언어가 보다 보편적으로 사용되고 있으며, 웹 환경에서 보다 효과적인 언어들이 도입되고 있다. 프로그램 언어는 군이 강좌를 통해 배우지 않더라도 쉽게 접근할 수 있으나 수치 계

산을 위한 기법이나 통계적 처리를 위한 방법 등은 전문적이기 때문에 이를 위한 강좌를 개설하는 학과가 많이 있다. 학과에서 이들 강좌를 개설하지 않는 경우에는 다른 학과에서 개설하는 과목을 듣고 이를 전공으로 인정받을 수 있게 하기도 한다. 그만큼 수치 계산 기법이 중요하다는 의미다.

이미 눈치를 챘겠지만 천문학이 참 재미있는 학문인 것은 분명한데 배우기가 그렇게 수월한 학문은 아니다. 수학도 어느 정도 받쳐주어야 하고 물리학도 어느 정도는 배워야 한다. 즉, 수학과 물리학이 어느 정도 도구 과목의 성격을 갖는다는 말이다. 여기에 더해 컴퓨터 언어도 알아야 하고, 전자 공학이나 광학 기초도 필수는 아니지만 알면 좋다. 자, 이 정도면 머리가 아파오는 사람들도 좀 생길 것이다. 그러나 과학을 하려는 젊은이들에게 이보다 더 좋은 놀이터가 어디 있겠는가. 학창시절은 뜨겁게 놀아야 하는 시기이기도 하지만 죽도록 공부해야 하는 시기이기도 하다. '이왕 하는 공부, 한번 죽도록 해보지 뭐'라고 생각하는 사람들에게 천문학은 너무 매력적인 학문이 아닐까.

교수님이 추천하는 재미있는 천문학 관련 책들

〈코스모스〉 칼 세이건 | 홍승수 옮김 | 사이언스북스

이 책에는 작가의 우주에 대한 애정이 듬뿍 담겨있다. 우주에 대한 열린 마음, 우주의 모든 지적 생명체와 함께 하려는 자세는 우리가 만날 이웃들을 어떻게 맞이해야 하는지를 잘 보여주고 있다. 최근에 일어난 천문학적 지식이 담겨있지 않다는 아쉬움은 있지만 이것은 그다지 큰 결점은 아니다. 이렇게 따뜻한 책은 많지 않기 때문이다.

〈코스모스〉의 많은 번역본 중 서울대학교 홍승수 교수님이 번역하신 것을 권한다. 홍승수 교수님은 원래 성간티끌의 이론적 연구로 유명하신 분인데 최근에 주로 행성 간 티끌 연구를 해오셨다. 대학에서 천체생물학 강의를 하며 한국천문학회에 행성과학분과를 만들어 외계 생명체 연구에 활력을 불어넣고 있다. 이런 분이기에 칼 세이건이 행간에 숨긴 의미까지도 전달할 수 있을 것이라 생각된다.

〈우주와 인간〉 민영기 | 까치출판사

이 책은 우주의 생성과 진화를 다룬 우주론부터 태양계에 이르기까지 최근의 발견들을 모두 담고 있고, 내용도 어렵지 않아 천문학을 처음 접하는 사람이 읽기에 좋다. 특히, 새로운 분야로 떠오르고 있는 외계 생명체에 대한 소개도 있고, 미래의 우주개발에 대해서도 잘 정리되어 있다. 다른 책들과 비교해서 이 책의 두드러진 특징은 성간에서 발견된 분자 등 전파관측으로 알게 된 천체 현상이 비교적 잘 설명되어 있다는 것이다. 이는 초대 국립천

문대장을 지내고 서울대학교와 경희대학교에 재직하면서 우리나라에 전파천문학을 보급한 저자의 전파천문학에 대한 애정 때문일 것이다. 전파천문학자로서의 저자의 관심은 외계인의 존재 연구로 확대되어 〈외계인은 존재하는가〉(까치 출판사)를 낳기도 했다.

〈우주의 신비〉 이시우 | 신구문화사

보다 내공이 높은 독자들에게는 〈우주의 신비〉를 권한다. 이 책은 설명이 완전한 문장으로만 이루어져 있지 않고 때로는 요점의 나열이나 수식으로 간단하게 설명되어 있어 마치 강의록을 보는 것 같다. 때문에 중요한 내용들이 잘 요약되어 있어 쉽게 눈에 들어온다. 천문학의 역사를 포함하여 천문학에서 다루는 거의 모든 분야가 잘 정리되어 있으며 외계 생명체 탐사와 미래에의 전망도 빼놓지 않았다. 또한, 별의 생성과 소멸에 이르는 진화 과정의 이해를 통해 인간의 삶을 반추하고자 하였다. 별과 인간의 관계는 저자가 1999년에 출간한 〈별과 인간의 일생〉(신구문화사)과 2007년 출간한 〈별처럼 사는 법〉(우리문화사)에서 보다 심층적으로 다루었다. 이들 책에서 저자는 별 연구에서 얻은 지혜를 불경의 가르침과 비교하며 우리들의 삶을 더 높은 곳으로 인도하고 있다. 저자는 이렇게 얘기한다. 가슴에 별을 품고 살라고. 가슴 속에 빛나는 별이 없으면 삶의 진정한 가치는 존재하지 않는다고. 어쩌면 어른들을 위한 동화 같기도 한 저자의 이야기가 천문학이 무엇인지 기웃거리는 여러분에겐 조금 어려울 수도 있지만 붓다와 대화하는 관측천문학자를 만나보는 것도 여러분의 가슴을 키우는 데 도움이 되리라 생각한다.

〈인간과 우주〉 박창범 | 가람기획

현대우주론을 깊이 있게 느껴보고 싶다면 우주론을 전공한 박창범 교수가 쓴 이 책을 읽어보는 것이 좋다. 서울대학교의 교양강좌에서도 사용된 책인 만큼 전체적으로 상당한 깊이가 있다. 물론 우주론만 다루는 것은 아니고 별과 은하는 물론 태양계도 깔끔하게 소개하고 있다. 특히, 이 책의 뒷부분에서는 저자가 잠시 우주론 연구를 떠나 삼국사기 등 우리나라의 역사책을 뒤져 밝힌 흥미로운 고천문학 내용이 소개되어 있는데 이것 또한 읽을거리다. 이 부분을 읽고 우리나라의 고천문학을 자세히 알고 싶은 사람은 〈하늘에 새긴 우리 역사〉(김영사)를 읽어보는 것도 좋다.

〈쉽게 풀어 쓴 시간의 역사〉 스티븐 호킹 | 현정준 옮김 | 청림출판

일반상대성이론과 양자 역학에 기초하여 우주의 역사를 기술하는 책으로 과학 저술로는 유래가 없게 무려 4년 동안이나 〈선데이 타임즈〉가 선정한 베스트셀러의 지위를 누렸다. 아마 이 책을 쓴 호킹 자신도 전혀 예상하지 못한 일이었을 것이다. 호킹은 시간이 방향성을 가지고 있으며 이것이 우주의 팽창이 나타내는 중요한 속성이라 생각하였다. 사실 천문학자인 내가 읽어도 이해가 쉽지 않은 부분이 있을 만큼 어려운데도 전 세계의 독자들이 이 책에 열광하는 것을 보면 인간은 누구나 우주의 신비에 대한 호기심을 가지고 있나 보다. 국내에서 이 책은 원로 천문학자이신 현정준 교수님이 번역하여 그나마 독자들에게 쉽게 다가갈 수 있었다. 난 이 책을 원서로도 보고 현정준 교수님의 번역본

으로도 보았는데 옮긴이의 깔끔한 문장력이 돋보이는 책이었다. 아직 읽지 않은 사람들에게 꼭 권하고 싶다. 현정준 교수님의 글 솜씨는 서울대학교에 재직 중이셨던 1970년대 출간된 〈별 은하 우주〉(전파문화사)에서도 접할 수 있는데 아쉽게도 이 책은 절판되어 도서관에 가야만 볼 수 있다. 일반인을 위한 국내 최초의 천문학 책이라 아쉬운 마음에 함께 소개한다.

〈아인슈타인 우주로의 시간 여행〉 리처드 고트 | 박명구 옮김 | 한승

이 책은 정말 저자의 천재성이 그대로 드러나는 매우 독특한 책이다. 상대론을 바탕으로 타임머신을 타고 가는 시간 여행을 다루고 있을 뿐 아니라 시간 여행으로 우주의 생성을 자체 모순 없이 설명할 수 있다는 것을 보여주고 있다. 저자인 고트는 프린스턴 대학의 교수로서 천재성을 가진 사람이고 옮긴이인 박명구 교수는 프린스턴에서 저자에게 수학하였고 저자와 막역한 사이라 저자의 의도를 누구보다 잘 알 수 있는 사람이다. 고트의 이론이 워낙 기발하고 이해가 쉽지 않아 아직은 국내에 독자가 많지 않지만 그의 이론은 우주의 기원을 자체 모순 없이 설명하는 매우 드문 이론이다. 물론 여기서 소개하는 그의 이론은 가설이 아니라 일반상대성이론을 이용하여 수식으로 유도해 낸 결과이다. 그가 설명하는 우주의 시작은 특별한 사건 없이도 시간 고리를 이용하여 스스로 생겨날 수 있다. 내가 읽은 우주론 중 가장 특별하고 완벽한 우주론인 셈이다. 워낙 창의적인 사고의 소산이라 독자 여러분이 지금 읽기는 다소 어려울 수 있다. 하지만 그가 제시하는 개념을 접하는 것만으로 여러분의 사고는 한 단계 더 성숙할 수 있을 것이다. 글이 이해가 되지 않으면 그림이라도 한번 보자. 미래에서 과거로의 시간 여행이 불가능한 것만은 아니다. 내용이 다소 어려운데도 불구하고 독자들이 그가 전하는 메시지를 들을 수 있다고 생각하는 것은 글 솜씨 좋은 옮긴이의 우주론에 대한 해박한 지식 때문이다.

〈우주 탐험의 미래〉 로버트 재스트로 | 이상각 옮김 | 을유문화사

제목에서 풍기는 인상은 미래에 이루어질 우주 탐험에 대한 이야기처럼 보이지만 사실은 그렇지 않다. 책의 전체적인 내용은 지금까지 천문학 연구를 통해 인류가 파헤친 우주의 신비를 설명하는 것이다. 특히 저자는 우주 생명체 연구의 권위자답게 화성 탐사를 통한 외계 생명체 탄생뿐 아니라 태양계 밖에서의 외계 생명체 탐사에 대해 자세한 조망을 하며 우리를 미래의 우주 여행으로 안내하고 있다. 누구나 읽을 수 있는 쉬운 언어로 퀘이사에서 행성까지 천문학의 모든 분야를 잘 설명하고 있다.

〈호두 껍질 속의 우주〉 스티븐 호킹 | 김동광 옮김 | 까치

이 책을 통해 천재 천체물리학자 호킹의 사유를 공유할 수 있다. 시간 여행을 설명하는 호킹을 보면서 어쩌면 호킹 박사는 시간 여행을 온 우주의 방문자일지도 모른다는 생각을 하게 된다. 이렇게 말하니 정말 호킹의 〈호두껍질 속의 우주〉를 펼쳐 보고 싶지 않은가? 글이 잘 이해가 되지 않더라도 실망할 필요는 없다. 그림이 많아 보면서 즐길 수 있는 것이 많다. 적어도 만화만큼은 재미있을 것이다. 과학적 상

상력이 풍부하다면 말이다.

〈다음 50년〉 사이언티픽 아메리칸 | 이창희 옮김 | 세종연구원

당대 최고의 과학자들에게 '50년 후인 2050년에는 어떤 것들을 알게 될까? 라는 질문을 던진 적이 있다. 그것이 바로 〈다음 50년〉이란 책이다. 과학의 전 분야를 망라하여 던진 질문에 10개의 대답이 주어졌는데 답들은 한결같이 '무엇을 알게 되었다' 가 아니고 '무엇을 알려고 노력할 것이다' 였다. 대표적인 것이 우주 탄생의 비밀과 외계 고등생명체의 존재에 대한 것이다. 우주 탄생의 비밀에서 최초의 별, 최초의 은하와 같은 우주의 초기 모습은 관측이 될지도 모른다. 하지만 여전히 우주의 생성 자체는 수학적 모형 이상을 넘어설 수 없을지 모른다. 컴퓨터의 처리 능력이 발달되면서 가장 많은 혜택을 보고 있는 분야 중 하나가 외계 생명체 연구다. 여러분은 어떻게 생각하는가? 여러분이야말로 2050년에 외계인과 대화를 나누게 될 주인공들이 아닌가.

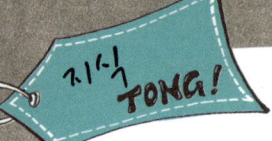

교수님이 알려주는
좋은 천문학도가 되기 위한 가이드

앞에서 추천한 천문학 관련 책들 외에도 천문학에 관심이 있는 사람이라면 물리학 관련 서적, 예를 들면 상대성이론이라든가 초끈이론에 대한 책들도 읽는 것이 좋다. 이것은 물리학이 천문학과 불가분의 관계를 가지고 있기 때문이다. 물리학의 궁극적 목표인 물질의 근원을 이해하는 일이 우주와 분리하여 생각할 수 없는 것이니 어쩌면 당연한 일이다.

내가 천문학자가 될 수 있었던 것도 아인슈타인의 전기를 읽으면서 상대성이론에 눈뜨게 되고 이를 통해 우주론이라는 말을 접할 수 있었기 때문이다. 물론 밤하늘에 반짝이는 별들의 경이로움과 이러한 별들이 꾸미는 우주에 대한 호기심이 나를 천문학자의 길로 이끌었지만 내가 아인슈타인의 전기를 다룬 책의 부록에 실린 특수상대성이론을 읽고 받은 감동은 작은 것이 아니었다.

이 책은 문과였던 내가 천문학과에 가기 위해 3학년에 진학하면서 이과로 옮겨가는 데 결정적 기여를 했다고 볼 수 있다.

천문학이나 물리학 지식뿐만 아니라 다양한 지식과 문화를 접해야 한다. 천문학이 다른 학문에 비해 고도의 통합적 사고를 요구하기 때문이다. 요즈음 들리는 말 중에 증권회

미리 체험해 보는
천문학과 원정기

사 등에서 천문학과 출신이 인기라는 소문이 있다. 얼마나 정확한 소문인지는 모르겠지만 충분히 근거가 있는 얘기다. 천문학은 서로 관련이 없는 것처럼 일어나는 복잡한 자연 현상을 관측하여 그 사건이 일어난 원인을 분석한다. 다른 분야에서 변인을 통제하여 원하는 실험만 할 수 있는 것과는 많이 다르다. 때문에 대학에서 천문학을 배우며 자기도 모르게 습득하게 되는 통찰력이 삶을 살아가는 밑천이 될 수 있는 것이다.

사물을 꿰뚫어 보는 통찰력과 통합적 사고력은 가만히 있어도 얻어지는 것은 아니다. 사색과 독서를 통하여 지식을 축적하고 지혜를 기르는 등 부단한 노력을 통해 얻어지는 것이다. 이런 점에서 난, 청소년 시기에 과학 입문서와 함께 동서양의 고전을 많이 읽을 것을 권한다. 고전에는 당대의 사상이 녹아있고 그 시대상이 반영되어 있다. 현대 과학적 입장에서 불교의 금강경과 같은 경전에서 말하는 사상은 경이롭기 짝이 없다. 물리학자인 카프카가 〈동양사상과 현대물리학〉이란 책에서 감탄하고 있듯이 '색즉시공 공즉시색' 같은 금강경의 핵심적인 내용은 양자 역학적 관점과 그다지 다르지 않고 암흑물질과 암흑에너지로 차있는 우주가 보여줄 수 있는 자연의 모습과도 차이가 없다. 조금 극단적인 예를 들었지만 이러한 예는 우리가 무엇에서든지 과학적 사색을 위한 영감을 받을 수 있다는 것을 강조하기 위한 것이다.

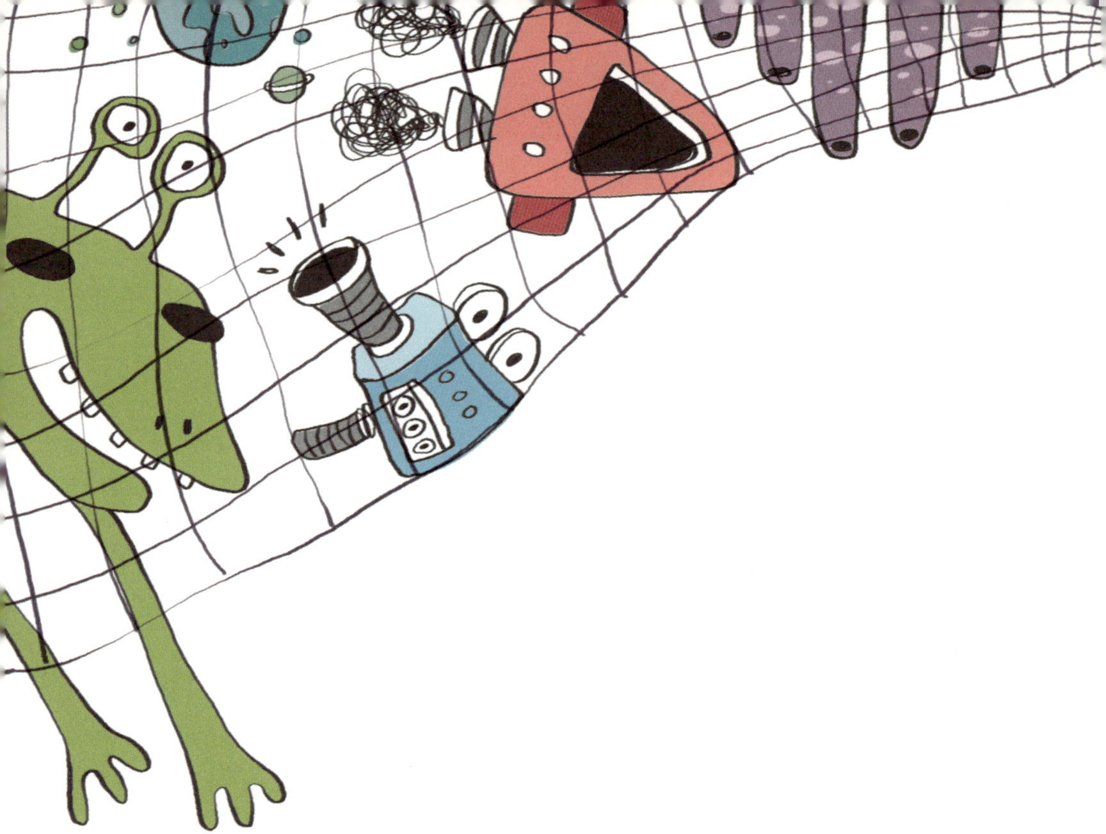

1. 암흑에너지의 정체를 밝혀라

2. 생성과 진화의 비밀을 알아내자

3. 외계 생명체를 찾아라

4. 최고의 관측을 위한 망원경을 개발하라

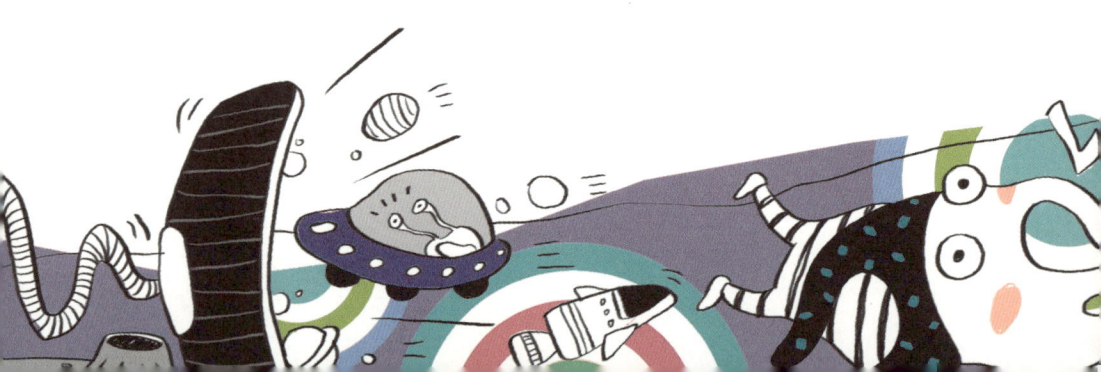

우주 시대를 열어가는
천문학의 무한도전!

암흑에너지의
정체를 밝혀라

21세기는 우주 시대다. 우주 시대에 새로운 지평을 열어가는 선봉장은 천문학이다. 천문학은 미래에 어떤 놀라운 일들을 밝혀낼까? 이런 문제를 풀어가는 과정에서 우리는 새로운 목록을 작성하게 될 것이다.

지금 선진국은 그야말로 천문학적인 예산을 투입하여 지상의 거대 망원경과 차세대 우주망원경을 포함하여 다수의 우주망원경을 건설하려 하고 있다. 선진국들은 이러한 망원경으로 무엇을 하려는 것일까? 지상의 거대 망원경이나 우주망원경이 수행하려는 과학적 목표는 그다지 다르지 않다. 한마디로 말하자면 우주의 궁극을 이해하는 것이다. 즉, 인간이 20세기 후반부터 꿈꿔왔던 목표를 실현하려는 것이다. 물론 이를 좀 더 작은 주제로 나누어 보면 우주의 기원을 찾는 문제와 우주 속에서의 생명의 기원을 밝히는 것이다. 후자의 경우 생명이 지구 위의 생명에 국한되지 않음은 물론이다.

우주 시대를 열어가는
천문학의 무한도전!

학문은 끊임없이 발전하기 때문에 우리는 지금 우리가 생각하고 있는 문제나 이를 풀려는 방법이 앞으로 변하지 않을 것이란 생각을 하고 있지는 않다. 다만, 현재 생각할 수 있는 것으로 우주의 기원과 관련하여 가장 중요한 문제는 암흑에너지와 암흑물질의 정체를 밝히는 일이다. 이들이 천문학의 가장 중요한 문제가 되는 이유는 이들에 대한 이해가 우주의 궁극을 규명하는 데 필수적일 뿐 아니라 물리학의 가장 중요한 문제들을 푸는 열쇠도 되기 때문이다. 그러나 이러한 문제들은 현재 계획하고 있는 망원경이 완성된다고 하여 해결될 것으로 기대하지는 않는다. 다만 개선된 관측을 통해 지금보다 더 많은 정보를 가지고 암흑에너지와 암흑물질의 정체 규명에 한 걸음 더 다가설 수 있을 것이다.

암흑물질과 암흑에너지는 언제 우주에 생겼을까? 아직은 이에 대해 잘 모르고 있다. 그러나 여러 가지 관측 사실로 미루어 보면 우주의 초기 급팽창이 끝나고 보통의 팽창으로 돌아온 후 우주가 식으면서 최초의 물질이 생길 때 함께 생긴 것으로 추정된다. 급팽창 기간 중에 자란 우주의 양자 요동에 기인한 암흑물질의 밀도 요동이 우주의 팽창과 함께 성장하여 후에 거대 구조의 씨앗으로 작용하게 되는 것으로 생각된다. 이러한 밀도의 불균질은 그 후에도 계속 진행되는데 우리가 관측 가능한 가장 오래된 흔적은 빛과

우주의 기원과 관련하여 가장 중요한 문제는 암흑에너지와 암흑물질의 정체를 밝히는 일이다.

물질이 분리되며 빠져나온 우주배경복사에 남아 있다. 우주를 구성하는 암흑물질이나 암흑에너지의 정체 규명이 어려운 이유도 우리의 관측이 이들이 만들어진 시기까지 거슬러 올라가지 못하고 우주배경복사가 방출되는 우주 탄생 후 약 40만 년이 지난 때까지로 제한되기 때문이다.

생성과 진화의 비밀을 알아내자

암흑물질과 암흑에너지의 정체 규명이 지금 건설되고 있는 거대 망원경이나 차세대 우주망원경을 이용한 천문학 연구의 전부는 아니다. 이들 연구가 더욱 근본적인 문제임은 분명하지만 우주의 생성과 진화를 이해하기 위한 다른 중요한 문제도 많이 있다. 우주의 거대 구조는 어떻게 만들어졌을까? 우주에서 최초의 별은 언제 어떻게 만들어졌을까? 또 은하는 언제 어떤 과정을 거쳐 만들어졌을까 등이 이러한 거대 망원경이나 우주망원경으로 규명하려는 구체적인 과학적 목표들이다. 그러나 이들 역시 여러분이 본격적인 천문학자가 되어 활동할 시기인 향후 10년 또는 20년 안에 해결된다는 보장은 없다. 다만 이들 분야에 상당한 진전은 이루어지리라 생각된다.

최초의 별은 언제 어떻게 만들어졌나?

은하가 먼저 만들어진 후 은하들이 모여 은하단을 만들고, 은하단은 다시 모여 초은하단을 만들어 우주의 거대 구조를 완성해 간다고 생각된다. 그렇다면 은하와 별 중에서는 어느 것이 먼저 만들어졌을까? 과거에는 팽창 우주에서 최초로 만들어질 수 있는 천체의 질량이 구상성단 정도의 질량을 가질 것으로 예상했으나 우주의 구성체에 대한 이해가 진행될수록 이보다는 더욱 작은 스케일, 즉 별 정도의 질량을 가지는 천체가 우주에서 빛을 낸 최초의 천체로 추정하고 있다. 21세기 천문학에서는 이러한 최초의 별의 발견이 가장 중요한 도전 중의 하나가 될 것으로 생각된다.

우주의 진화에서 최초의 별 탄생이 왜 중요할까? 천문학자들은 빅뱅 후 4억 년 정도까지는 별도 은하도 없는 암흑기라고 생각한다. 우주의 팽창에 따라 밀도와 온도는 점점 내려가지만 우주 초기의 급팽창에 따라 자란 태초의 양자 요동이 점점 증폭되어 간다. 이러한 팽창 우주 속에서 결국 밀도가 큰 곳을 중심으로 중력 붕괴가 일어나 최초의 별이 만들어질 수 있을 것으로 생각한다. 문제는 이 시기가 정확히 언제이며 이때 어떤 종류의 별이 만들어지는가 하는 점이다. 이 두 가지 요소가 다 우주의 진화를 결정할 뿐 아니라 이 정보는 최초의 별이 생기기 전에 일어난 우주의 진화에 대한 중요한 정보를 준다.

최초의 별들이 은하의 생성 이전에 존재했다는 근거는 아주 멀리 있는 은하의 스펙트럼에서 발견된다. 멀리 있는 은하의 스펙트럼을 보면 흡수선이 관측되는데 이들 흡수선 중에는 별에서 만들어질 수밖에 없는 무거운 원자들에 의한 것들이 있기 때문이다. 우주 초기의 원자

핵 합성에서는 수소와 헬륨 원자만 만들어지기 때문에 만일 최초의 별이 없었다면 은하에서 무거운 원소에 의한 흡수선이 만들어질 수 없다. 또한, 이러한 최초의 별들에서 나온 자외선이 수소를 완전히 이온화시키는 일을 한다는 것이다. 이때를 재결합 시기라고 하는데 재결합 시기가 우주의 진화를 이해하는 열쇠가 된다.

천문학자들은 우주 탄생 후 약 10억 년이 지났을 때 재결합 시기가 있었다고 생각하지만 그 구체적인 시점과 최초의 별이 얼마나 많은 에너지를 방출했는지를 알고 싶어 하는 것이다. 이때 생긴 최초의 별들이 그 후 어떻게 되었는지도 궁금한 일인데 아마 이들은 초신성으로 폭발 후 블랙홀이 되어 작은 퀘이사가 될 수 있었을 것이고 이들이 서로 병합하여 후일 은하의 핵을 만드는 거대 블랙홀이 된 것으로 생각된다. 때문에 최초의 별이 얼마나 질량이 큰 별인지를 아는 것은 중요하다.

은하는 어떻게 형성되었나?

최초의 별에 대한 이해 못지않게 중요한 것이 은하의 형성이다. 아마 향후 10년 동안 가장 활발한 연구가 일어날 분야가 은하이고 이 연구의 핵심이 은하의 생성을 이해하는 일일 것이다. 최초의 은하는 어떻게 탄생했으며 오늘날 관측되는 은하의 다양한 형태는 무엇에 기인하는지, 또 은하의 핵에 있는 초거대 블랙홀은 은하의 생성에 어떻게 관여하는지 등이 은하의 생성을 이해하기 위해 필수적인 과제들이다.

은하의 생성이 한순간에 일어나는 것은 아니다. 암흑물질로 헤일로가 먼저 만들어지고 이 헤일로 중력장의 중심으로 가스가 모이면서 별이 만들어져 은하로서 빛을 내게 된다는 것이 현재 추론할 수 있는 은하 생성 시나리오다. 그러나 은하의 생성을 제대로 이해하려면 아직 알아야 할 것이 많이 있다. 암흑물질과 가스는 어떻게 상호 작용을 하며 또 이들과 별과의 관계는 어떤지, 암흑물질로 된 헤일로 속에서 은하는 1개의 은하만 생기는 것인지 아니면 성간구름에서 여러 개의 별이 동시에 만들어지듯이 은하도 한꺼번에 여러 개가 만들어지는지 등 아직 모든 것이 의문투성이다. 은하에 대한 이러한 물음들은 우주의 초기 진화를 이해하는 데 필수적이며, 이들 대부분이 지금 구상하고 있는 거대 망원경이나 차세대 우주망원경을 이용한 관측으로 풀려는 문제들이다.

은하는 큰 은하로 자라는 과정에서도 작은 은하들의 합병 등 빈번한

허블 우주망원경이 찍은 은하의 모습이다.
이제 막 만들어지고 있는 은하도 보인다.

우주 시대를 열어가는
천문학의 무한도전!

충돌이 있었다고 생각되지만 큰 은하들끼리
도 충돌의 가능성은 있다. 은하 연구에서
풀어야 할 과제 중 하나가 이러한 큰 은
하 간의 충돌이 얼마나 빈번하게 일어나며 이
것이 우주의 거대 구조나 우주의 진화에 어떠한
영향을 끼치는가 하는 문제이다. 아니 이런 과
학적 명제 이전에 우리은하계는 어떻게 될지도 궁금하다. 지금 이 순
간에도 우리은하계를 향해 돌진해 오고 있는 우리의 이웃인 안드로메
다은하를 생각하면 은하 간의 충돌이 사유의 대상만이 아니라 우리의
생존 문제가 될 수도 있다. 물론 먼 훗날의 일이고 인류가 충분히 오래
존속될 수 있어야 한다는 전제가 있지만 말이다.

우리은하계는 안드로메다은하와 함께 국부 은하군을 이루고 있다. 국
부 은하군에 있는 은하까지의 거리는 가장 멀리 있는 은하도 300만
광년이 채 되지 않는다. 이 정도 거리라면 거대 망원경의 분해능과 집
광력으로 이들 은하를 구성하는 별들을 자세하게 관측할 수 있기 때
문에 멀지 않아 외부 은하의 항성 연구라는 항성천문학의 새로운 시
대가 열릴 것이다. 물론 지금도 이들 은하에서 별을 분리하여 관측할
수 있지만 이는 어디까지나 극히 밝은 별들에 국한되기 때문에 본격
적인 항성 연구라고 하기에는 미흡한 면이 있다.

국부 은하군은 약 40개의 은하로 되어 있다. 이들 중 우리은하계와 비
슷한 크기를 가지는 은하는 안드로메다은하밖에 없고 나머지는 우리

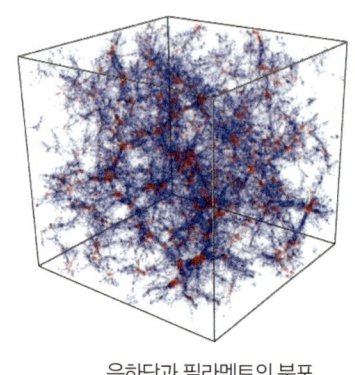

은하단과 필라멘트의 분포

은하계보다 훨씬 작다. 은하의 세계도 사람이 사는 세계와 크게 다르지 않아 작은 은하들은 큰 은하의 위성 은하로 살아간다. 이들 위성 은하 중에는 이미 우리은하계에 포획되어 잔해만 남은 은하도 있고 앞으로 포획될 은하도 있다. 국부 은하군을 이루고 있는 은하를 구성하고 있는 별들이 어떠한 운동을 하고 있으며 어떤 원소들로 이루어져 있는지를 알 수 있으면 이들로 구성된 은하가 어떤 과정을 거쳐 만들어졌는지를 아는 데 많은 도움이 된다. 따라서 향후 10년에 갖추게 될 거대 망원경을 이용하면 이들 위성은하의 별들을 분해하여 관측할 수 있고 이로부터 이들 은하의 생성 과정을 이해할 수 있게 될 것이다. 위성은하는 우리은하와 긴밀한 상호 작용을 하고 있으므로 이들에 대한 이해는 우리은하의 생성과 진화 규명에 도움을 줄 것이다.

우주의 거대 구조는 어떻게 진화해 갈까?

지난 10년간 우주의 거대 구조에 대한 연구 분야에서 많은 진전이 있었다. 하버드 대학의 후크라 등에 의해 주도된 가까이 있는 은하들의 적색이동 탐사에서 밝혀진 초은하단, 필라멘트, 빈터, 장성 등 우주의

거대 구조 모습이 SDSS와 같은 대규모 은하 탐사에서 확인되고 더 큰 장성과 같은 새로운 구조도 발견되었다.

이제까지 이루어진 관측에 따르면, 우주의 대부분이 비어 있고 은하는 은하단, 초은하단의 계층 구조를 이루고 있다. 초은하단은 빈터를 둘러싸고 있으며 필라멘트로 연결되어 그물망을 이루고 있다는 것이다. 이러한 거대 구조의 크기는 100Mpc에 이르며 이보다 큰 규모에서는 우주는 균질하고 등방적이다. 즉, 우주원리는 최소한 100Mpc보다 큰 규모에서 성립된다는 말이다.

은하의 관측으로 밝혀진 이러한 우주의 거대 구조는 차가운 암흑물질을 가정한 컴퓨터 모형 계산으로 어느 정도 재현되고 있다. 이들 모형 계산에 따르면 우주 거대 구조의 생성에 암흑물질이 결정적으로 기여한다. 그러나 여전히 문제는 많이 남아 있다. 아직까지 관측으로 확인된 우주의 거대 구조는 상대적으로 가까운 거리에 있는 것이라 더 멀리 있는 은하의 관측을 통해 우주의 거대 구조를 보다 거시적으로 확인할 필요가 있다. 더욱 본질적으로 이러한 거대 구조의 기원은 무엇이며 어떤 과정을 거쳐 오늘날의 모습이 되었는지, 또 어떻게 진화해 갈 것인지 등이 앞으로 더 밝혀져야 할 문제들이다.

별과 행성계는 어떻게 생성되었나?

천문학자의 관심이 은하에만 있는 것은 아니다. 그동안의 수많은 연구에도 불구하고 별의 생성 과정에는 여전히 풀리지 않은 부분이 많이 있다. 별이 성간가스와 티끌로 된 성간구름이 붕괴하여 만들어진다는 것은 이미 알고 있지만 구체적인 과정은 아직 우리들의 이해 밖에 있다. 그동안 별 생성을 이해하는 데 장애가 되었던 각운동량 문제는 원시성 주변에서 서로 반대 방향으로 분출되는 제트가 관측됨으로써 어느 정도 이해가 되었다. 그러나 별의 생성과 직접 연결되어 있는 분자 구름의 생성 과정에 대해서도 여전히 풀어야 할 과제가 적지 않고, 별의 생성에 결정적으로 영향을 끼칠 것으로 생각되는 난류에 대한 이해는 아직 초보 단계에 머물러 있다.

별이 어떻게 만들어지는가를 알고 싶은 또 다른 이유는 행성의 생성이 별의 생성과 함께 일어나기 때문이다. 태양계의 기원에 대한 이해나 생명체의 발현에 대한 의문을 풀기 위해서는 행성이 어떻게 만들어지는지를 알아야 하는데 이것은 별의 생성 과정을 알아야만 가능하다. 차세대 우주망원경과 거대 망원경들이 추구하는 가장 중요한 과학 목표의 하나가 행성계의 생성을 이해하는 것인 이유는 외계 생명체가 살 수 있는 터전이 행성이기 때문이다.

우주 시대를 열어가는
천문학의 무한도전!

외계 생명체를 찾아라

21세기에 들어와서 부쩍 활발해진 연구 분야를 꼽으라면 천체생물학을 들 수 있다. 천체생물학은 태양계 내의 탐사를 제외하면 아직 실질적인 연구가 진행되고 있다고 보기 어렵지만 우주에 있는 외계 생명체 연구가 목적이다. 현재까지는 외계 행성 연구와 같은 천문학 분야에서만 본격적인 연구가 이루어지고 있지만 천체생물학은 천문학, 생물학, 지질학과 같은 여러 분야가 함께 다루어야 하는 학문 사이의 소통이 중요한 연구 분야다. 천체생물학에서 추구하는 궁극적인 목표는 도대체 생명이란 무엇이며 지구상에 어떻게 생명이 발현될 수 있었는지에 대해 아는 것이다. 지구 위의 생명 현상의 미래는 무엇이며, 생명체가 살 수 있는 환경은 무엇이며, 다른 행성에 있는 생명체를 어떻게 발견할 수 있는지, 외계에도 지적 생명체가 있는지, 우리는 그들과 어떻게 소통할 수 있는지 등 많은 문제들이 천체생물학이 앞으로 다루어야 할 과제들이다.

태양계의 생명체 탐사

외계 행성의 탐사가 미래에 이들 행성에서 생명 현상을 탐구하기 위한 기반을 닦는 연구인 반면 태양계의 생명체 탐사는 보다 직접적인 연구다. 이제까지 태양계에서 가장 주목을 받은 행성인 화성의 탐사도 이제 시작에 불과할 뿐이다. 화성에는 과거에 물이 흐른 흔적이 뚜렷하게 남아 있고, 지표면 아래에는 얼음이 남아 있음이 밝혀져 생명체가 존재했거나 존재할 가능성이 높다. 이런 이유로 보다 정밀한 탐사를 위해 NASA는 화성에 탐사 로봇 로버(Rover)를 보내 표면과 대기를 관찰하고 있다. 이들이 보내오는 관측은 실시간으로 정리되고 웹을 통해 전 세계에 공개되어 화성과 지구를 하나의 영상권 내로 묶어 버렸다. 곧 화성에 착륙하여 탐사 작업을 시작할 피닉스(Phoenix)를 포함하여 지표 아래를 탐사하여 보다 심층적인 실험을 수행할 수 있는 로봇을 보내 생명체 탐사를 본격적으로 수행하게 될 것이다.

2008년 1월 29일 탐사 로봇 스피릿이 보내온 화성의 모습이다. 화성 표면이 마치 지구의 거친 사막과 같다.

우주 시대를 열어가는
천문학의 무한도전!

태양계 안에서의 생명체 탐사 연구는 화성의 탐사에 머물지 않을 것이다. 목성의 위성인 유로파에는 얼음층 아래에 바다가 있는 것으로 추정되고 있고, 목성의 또 다른 위성인 칼리스토와 가니메데에도 표면 아래 얇은 바다가 있을 가능성이 있기 때문에 이들에 대한 탐사도 이루어질 것이다. 만일 차가운 바다에 사는 생명체가 이들 위성에서 발견된다면 냉동을 이용한 생명공학의 발전에 큰 전기를 이룰 수 있을지도 모른다. 아쉽게도 2005~2006년으로 발사가 예정되었던 유로파 궤도선이 부시 행정부의 예산 삭감으로 취소되었지만 멀지 않은 미래에 이러한 계획은 실현되고 궁극적으로는 화성과 같이 유로파에도 착륙선이 보내져 본격적인 생명체 탐사가 이루어질 것이다.

목성의 위성과 함께 주목받는 천체로 토성의 위성인 타이탄이 있다. 타이탄은 토성에 있는 30개가 넘는 위성 중에서 가장 크고 주로 질소로 된 짙은 대기를 가지고 있다. 타이탄은 지

토성의 위성인 타이탄의 대기 모습이다. 타이탄의 대기에는 질소 외에도 메탄 등 수소와 탄소로 이루어진 많은 분자들이 있다.

태양계의 소행성이나 명왕성과 같은 왜소행성, 카이퍼 띠에 있는 태양계의 작은 천체들의 관측을 통해 우리가 살고 있는 지구가 어떻게 만들어졌으며 지구에서 생명체 발현이 어떻게 이루어졌는지를 간접적으로 연구하는 것도 수행될 것이다.

표나 지표 아래에도 바다가 있을 것으로 생각되지는 않지만, 바로 이 타이탄의 짙은 대기가 생명체가 살 수 있는 환경을 만들 수 있을지도 모른다는 것이다. 타이탄의 대기에는 질소 외에도 메탄이나 아르곤뿐 아니라 수소와 탄소로 이루어진 많은 분자들이 보이저호의 관측에 의해 발견되었다.

카시니 우주선은 1997년 발사되어 2004년 토성에 도착한 후 지금 타이탄을 포함한 토성의 위성들을 관측하고 있고, 2005년 호이겐스는 카시니에서 분리되어 타이탄의 표면에 착륙하여 타이탄의 대기 성분과 지표 성분을 분석할 수 있는 자료를 지구로 보내왔다. 카시니와 호이겐스의 임무는 토성과 타이탄을 포함한 위성들에 대한 종합 탐사였다. 이미 많은 발견이 이루어졌으며 무엇보다 타이탄이 지구와 같은 과정을 겪었다는 놀라운 발견을 하였다. 카시니는 몇 년 더 관측을 계속하겠지만 카시니와 호이겐스의 성공은 향후 태양계 천체의 생명체 탐사에 활력을 불어넣을 것이다.

우주탐사선을 이용한 태양계 탐사가 태양계 생명체 탐사의 전부는 아니다. 태양계의 소행성이나 명왕성과 같은 왜소행성, 카이퍼대에 있는 태양계의 작은 천체들의 관측을 통해 우리가 살고 있는 지구가 어떻게 만들어졌으며 지구에서 생명체 발현이 어떻게 이루어졌는지를 간접적으로 연구하는 것도 수행될 것이다.

우주 시대를 열어가는
천문학의 무한도전!

외계 행성 찾기

미래에 이루어질 천체생물학의 가장 중요한 기반이 될 수 있는 것은 외계 행성의 관측이다. 지금까지 발견된 외계 행성의 수는 약 300개로 2000년 이후에는 매년 15개 이상씩 발견되고 있다. 현재까지의 관측으로 미루어 짐작해 보면 태양과 비슷한 별의 경우 최소한 10% 이상이 행성을 가지고 있는 것으로 보인다. 관측기기가 발달하면 이보다 훨씬 높은 비율로 행성이 발견될 수 있기 때문에 태양계 바깥에서 생명 현상이 발견될 가능성이 매우 높아졌다고 볼 수 있다. 아직은 지구 크기의 행성을 발견한 예는 없지만 이것도 관측기기가 발달하면 쉽게 극복할 수 있는 문제다. 무엇보다도 시선속도 관측이나 미세 중력렌즈 관측과 같은 간접적인 관측이 아니라 행성의 모습을 직접 볼 수 있는 관측이 더욱 활발해질 것이다.

외계 행성 찾기에서 가장 많이 이루어지는 관측은 51페가수스에서 최초로 행성을 찾을 때와 같이 행성의 중력에 의해 생기는 별의 운동 변화를 측정하여 행성의 질량을 추정하는 것이다. 그러나 이러한 방법

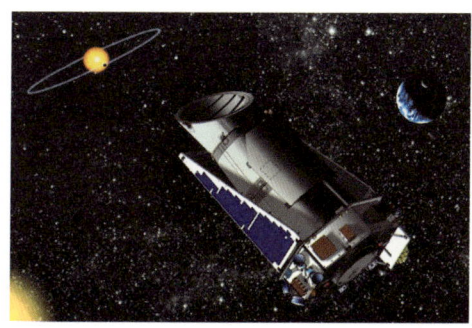

외계 행성을 찾아 나설 NASA의 케플러 우주망원경으로 2009년 2월 발사를 목표로 하고 있다.

으로 찾을 수 있는 행성은 목성처럼 질량이 커야 하기 때문에 지구형 행성을 찾는 데는 한계가 있다. 때문에 NASA에서 추진하고 있는 외계 행성 탐사를 위한 케플러 계획은 이러한 방법을 택하지 않고 별의 주위를 도는 행성이 별 앞을 통과하며 별빛을 흐리게 하는 현상을 관측하여 외계 행성을 찾으려는 것이다.

이제까지 이루어진 대부분의 외계 행성 관측은 외계 행성을 직접 보는 것은 아니며 별의 운동이나 밝기의 변화 등을 관측하여 행성의 존재를 유추하는 것이었다. 외계 행성 연구의 가장 직접적인 방법은 외계 행성의 사진을 찍는 것이다. 그러나 이 방법은 행성이 별보다 훨씬 어둡기 때문에 보통의 방법으로는 별빛 때문에 행성을 볼 수 없다. 그래서 고안된 것이 인위적으로 별빛을 가리고 행성이 내는 빛만 볼 수 있는 장치다. 이미 이러한 방법이 일부 사용되고 있고 보다 개선된 장치가 개발 중에 있다.

지금까지의 외계 행성 찾기는 주로 태양과 비슷한 별에 집중되었는데 그 이유는 태양 같은 별에는 지구와 비슷한 환경을 가진 행성이 있을 확률이 크다고 생각했기 때문이다. 2008년 초까지 약 300개의 행성이 관측되었으나 지구 정도 크기의 행성은 아직 관측되지 않았다. 그 이유는 현재 사용하고 있는 분광기의 분해능으로는 지구 정도 크기를 가지는 행성이 주는 시선속도의 변화를 관측하기가 어렵기 때문이다. 지구 정도 크기의 행성을 관측하는 것이 어려운데도 불구하고 외계 행성 연구자들이 지구 정도 크기의 행성을 발견하기 위해 많은 노력

을 기울이는 이유는 무엇일까? 이것은 행성이 너무 작아도 대기를 보유할 수 없어 생명체가 서식할 수 없지만 질량이 너무 클 경우에도 생명체가 서식할 수 있는 환경이 마련되지 않기 때문이다. 질량이 큰 행성은 성간구름에 가장 많이 있는 수소와 헬륨을 충분히 끌어들여 목성과 같은 기체로 된 행성이 되어버린다. 때문에 NASA에서는 지구 정도 크기를 가지는 행성을 찾기 위해 2009년 2월 발사를 목적으로 구경이 1m이고 12도 정도의 시야각을 가지는 케플러 우주망원경을 만들고 있으며, 발사 후 약 4년 동안 외계 행성 탐사를 수행할 것이다. 우리나라의 천문학자들도 외계 행성 찾기에 손을 놓고 있는 것은 아니다. 다행히 최근에 보현산 천문대에서 분해능이 세계 최고 수준인 분광기를 개발하여 별의 시선속도를 관측하여 외계 행성을 찾는 작업에 동참하고 있다. 그러나 보현산 분광기의 시선속도 분해능이 최고 3km/s 정도여서 아쉽게도 지구 정도 크기의 행성을 찾을 수는 없다.

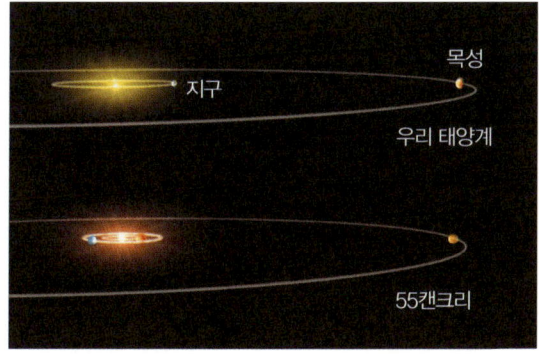

55캔크리(Cancri)에서 발견된 외계 행성계. 무거운 행성이 태양계보다 훨씬 안쪽에 놓여 있는 것을 알 수 있다.

시선속도 관측과 함께 국내 연구진이 강세를 보이고 있는 분야가 미세 중력렌즈를 이용한 외계 행성 찾기이다. 최근에는 이 방법으로 몇 개의 행성을 찾아 국제 사회의 주목을 받은 적이 있다.

태양계 밖에서 발견되는 외계 행성들도 대부분은 우리 태양계와 같이 행성계를 이루고 있을 것이다. 지금까지의 관측에서는 외계 행성들이 외계 행성계의 일원으로 관측된 것은 50% 정도에 불과하고 발견된 외계 행성계라 해야 그 안에서 2~3개의 행성을 발견한 것이 전부였다. 그러나 우리 태양계가 특별한 조건에서 특별한 과정으로 만들어진 것이 아니라면 다른 외계 행성계도 우리 태양계 못지않게 많은 행성을 가지고 있을 것이다. 향후 외계 행성 연구는 개별 행성의 관측도 중요하지만 외계 행성계의 관측이 더욱 중요할지 모르겠다.

외계 행성의 생명체 탐사

21세기 외계 생명체 탐사의 주 대상은 외계 행성에 서식하는 생명체일 것이다. 태양계의 생명체 탐사가 지구 밖에도 생명체가 있다는 것을 입증하는 것이 주된 목적이라면 외계 행성에 있는 생명체 탐사의 궁극적 목적은 외계에서 지적 생명체를 찾는 일이다. 물론 이 일은 아직은 요원한 일로 생각할지 모르지만 2007년 허블 우주망원경에 의해

외계 행성 HD 189733b에서 메탄과 물이 발견됨으로써 이미 우리는 한 걸음을 크게 내딛은 상태다.

허블 우주망원경보다 모든 면에서 우수한 성능을 갖춘 차세대 우주망원경인 JWST(James Webb Space Telescope)가 수행하려는 가장 야심 찬 연구 중의 하나가 바로 외계 행성이나 외계 행성계의 원반을 직접 촬영할 뿐 아니라 여기에 어떤 종류의 유기 분자들이 존재하는지를 알려는 것이다. 왜냐하면 생명 현상이 발현되기 위해서는 탄소를 포함하는 유기 분자들이 있어야 하기 때문이다. 물론 JWST만이 외계 행성계 연구에 동원되는 것은 아니다. 미국의 30m 망원경인 TMT(Thirty Meter Telescope)나 유럽의 50~100m 망원경인 Owl도 고도의 분해능으로 분광관측을 수행하여 독자적인 연구 결과를 도출할 것이다. 이러한 차세대 거대 망원경에서 수행하려는 분광관측의 대상으로는 외계 행성계 원반의 검출과 이들의 운동 성분뿐 아니라 외계 행성의 대기 성분을 조사하는 것까지 포함되어 있다. 이러한 연구의 일차적 목적은 외계 행성에 생명체가 존재할 수 있는지의 여부를 알려는 것이지만 궁극적 목적은 고등생명체가 서식할 수 있는 환경을 찾고 언젠가는 이루어질 외계 지성인과의 만남을 대비하려는 것이다.

최고의 관측을 위한 망원경을 개발하라

21세기에 들어와 천문학의 관측 방법은 크게 두 가지 방향으로 발전하고 있다. 한 가지는 하늘의 넓은 영역을 한꺼번에 관측하여 되도록이면 많은 정보를 얻자는 것이며, 다른 한 가지는 천체를 세밀하게 관측하여 자세한 특성을 알려는 것이다. 전자를 위한 대표적인 계획이 LSST이고, 후자를 위해서 차세대 우주망원경과 TMT나 Owl과 같은 거대 지상망원경을 건설하려는 것이다. 물론 이는 광학 분야의 일이고 전파관측에서는 우주에 간섭계를 설치하여 수십만 분의 일 초 정도의 각 분해능으로 천체를 관측하려 한다.

이러한 계획이 모두 현존하는 기술만을 이용하여 가능한 것일까? 결코 그렇지 않다. 여기에 천문학의 시대를 여는 도전 정신이 있다.

하늘을 품은 LSST

LSST는 구경이 8.4m에 지나지 않아 기존의 8m 망원경과 큰 차이가

우주 시대를 열어가는
천문학의 무한도전!

없지만 광학 디자인에서 완전히 달라 현존하는 기술 자체로는 실현이 불가능하다. 망원경에 들어오는 하늘의 각 크기가 수 도에 이르는 넓은 시야를 확보해야 하는 문제가 있는데 이렇게 넓은 시야의 사진을 찍을 수 있는 CCD카메라가 현재로는 없다. 이 CCD카메라는 한 변의 길이가 64cm에 달하고 이 속에 3기가픽셀이 들어가는 초거대 CCD 카메라이기 때문에 이 카메라로 찍은 영상을 담을 저장 매체도 문제가 된다. 왜냐하면 LSST 관측에서는 3일마다 전 하늘의 영상을 되풀이 하여 얻기 위해 1회 노출 시간을 17초로 택함으로써 하룻밤에 획득되는 데이터 량이 상상할 수 없을 만큼 방대하기 때문이다. 그러나 필요가 있는 곳에 길이 있다는 말처럼 LSST에 요구되는 모든 기술을 향후 5~6년 안에 갖춘다는 것이 LSST를 추진하는 사람들의 기본 목표다. 물론 각 분야의 기술이 총동원되겠지만 천문학자들이 이 계획의 최전방에서 모든 기기의 특성과 규격을 설정하고 이를 구현할 수 있는 기술을 찾게 될 것이다.

LSST가 추구하는 가장 중요한 일은 밝기가 변하거나 위치가 변하는 모든 천체를 감시하는 일이다. 3일이면 전 하늘의 영상을 얻을 수 있기 때문에 LSST는 지구에 근접하는 소행성과 같은 천체들의 조기 발견에 매우 효과적일 수 있다. 이런 점에서 LSST야말로 지구 방위의 선봉장이라 할 수 있다. 그렇다고 LSST가 지구 파수꾼 노릇만 하는 것은 아니다. 멀리 있는 은하와 은하단의 지도를 그림으로써 20세기 말에 알려진 최고의 신비인 암흑물질과 암흑에너지의 탐사도 이루어진다. LSST가 넓은 하늘을 탐색하는 데는 장점이 있지만 8.4m의 구경으로는 우주의 끝을 볼 수는 없다. 또, 한꺼번에 하늘을 넓게 볼 수 있도록 설계되기 때문에 서로 가까이 있는 천체를 구별하는 능력이 떨어진다.

거대 지상망원경 TMT, Owl

LSST의 단점을 보완하기 위해 나타난 것이 미국 주도로 이루어지고 있는 30m의 지상망원경인 TMT와 유럽에서 추진하는 50m 또는 100m의 지상망원경인 Owl이다. 이들 망원경은 구경이 너무 크기 때문에 단일 구경으로 만들 수는 없고 마우나키아 산에 있는 켁 망원경처럼 조각 거울을 사용하는데 TMT의 경우 구경이 1.4m인 육각 거울이 492개나 사용된다.

TMT나 Owl이 추구하는 것은 크게 다르지 않다. 구경이 크기 때문에 멀리 있는 은하나 퀘이사의 영상이나 높은 분해능을 가지는 스펙트럼

유럽 남천문대가 추진 중인 구경 50~100m 망원경인 Owl 망원경의 개념도.

우주 시대를 열어가는
천문학의 무한도전!

을 얻는 데 유리하여 최초의 별이나 최초의 은
하를 발견할 수도 있을 것이다. 또한 태양계의
자세한 모습을 보거나 가까이 있는 은하에 있는
별을 볼 수도 있을 것이다. 그러나 이러한 거대
망원경의 일차적 과학 목표는 21세기 천문학의
최대 과제인 암흑에너지와 암흑물질의 정체를 밝히는
것이다. 암흑물질과 암흑에너지는 그 자체의 특성 규
명도 중요하지만 이들을 모르고서는 우주의 구조와 진
화를 이해할 수 없기 때문이다.

이와 함께 거대 망원경들의 뛰어난 각 분해능과 흐린
천체의 분광 능력으로 태양계 밖에 있는 행성계의 직접적인 관측이
가능할 것이다. 이미 우리는 태양계 밖에서도 많은 행성을 발견하였
지만 대부분의 관측이 간접적인 방법에 의존하여 외계 행성의 질량이
나 크기를 유추해 왔다. 때문에 외계 행성이 존재하는 것 자체는 의심
의 여지가 없지만 아직 우리는 외계 행성의 영상을 분석하거나 스펙
트럼을 자세히 분석하고 있는 것은 아니다. 그러나 TMT나 Owl이 완
성되어 관측에 들어가면 외계 행성의 모습을 더욱 쉽게 볼 수 있을 것
이며 나아가서는 외계 생명체의 존재를 보다 쉽게 탐사할 수 있는 길
이 열릴 것이다.

위에서 차세대 거대 망원경으로 TMT와 Owl만 소개하였지만 지금 지
구촌에서 구상하고 있는 거대 망원경이 이들이 전부는 아니다. 우선

TMT나 Owl이 완성되어 관측
에 들어가면 외계 행성의 모습
을 더욱 쉽게 볼 수 있을 것이
며 나아가서는 외계 생명체의
존재를 보다 쉽게 탐사할 수
있는 길이 열릴 것이다.

미국의 카네기 연구소가 주도하고 하버드 대학, 스미소니언 천문대, 텍사스 A&M대학, 텍사스 주립대학, 애리조나 대학, 호주 국립대학 등이 참여하는 GMT(Giant Magellan Telescope)가 있다. GMT는 구경이 24.5m이고 망원경 디자인이 아직까지는 한 번도 시도해 보지 않았던 새로운 기술을 필요로 하고 있다. 우리나라도 이 계획에 동참하기 위해 천문학자들이 정부를 설득하고 있는 중이다. GMT는 2017년을 완공 시점으로 잡고 있어 TMT와 Owl과 여러 면에서 경쟁 관계에 있는데 우리나라가 이 사업에 적절한 지분으로 참여하게 되면 우리나라 천문학 발전을 크게 앞당길 수 있을 것이다.

광학 분야에서 추진되는 이러한 거대 망원경 외에도 별 탄생 과정 등 성간물질의 관측에 유용한 밀리미터 이하의 전파를 관측할 수 있는

아타카마에 설치되는 ALMA이다. 여러 대의 서브밀리미터 망원경을 배열하여 성능을 극대화 한다.

우주 시대를 열어가는
천문학의 무한도전!

전파망원경의 구축이 이루어지고 있다. 이 중에서 가장 야심적인 망원경은 해발 5000m의 남미 안데스 산맥의 칠레 쪽 고산 지대인 아타카마(Atacama)에 세워지고 있는 ALMA 망원경이다. ALMA는 구경 12m인 안테나가 최대 64개까지 배열되어 동시에 관측에 이용되기 때문에 공간 분해능이 0.01초보다 좋다. 천체의 속도 분해능도 0.05km/s로써 성간물질의 운동을 세밀히 추적할 수 있어 별 탄생 과정이나 행성의 생성 연구에 탁월한 성능을 발휘할 것이다. 물론 이제까지 관측이 불가능했던 멀리 있는 은하에서도 성간물질이 방출하는 분자선을 관측할 수 있어 원시 은하의 연구에 큰 기여를 할 수 있을 것이다. 이 ALMA도 유럽이 주축이 되고 일본과 북미가 참가하는 거대 프로젝트이다. 관측 파장대가 0.3~9.6mm이기 때문에 앞에서 얘기한 거대 광학망원경이나 다음에 말할 차세대 우주망원경들과 상호 보완적인 관측이 가능하다.

차세대 우주망원경, JWST

지상에서의 이러한 연구와 함께 우주 공간에서도 다양한 우주망원경이 올라가 천체를 관측하게 된다. 이미 앞에서도 한번 소개를 하였지만 무엇보다 관심을 끄는 우주망원경은 허블 우주망원경을 대신할 차세대 우주망원경인 JWST이다. JWST는 NASA가 주도적으로 일을 추진하지만 유럽우주국(ESA)과 캐나다우주국(CSA)이 함께 사업에 참여하는 국제적인 프로젝트다. 허블 우주망원경이 자외선에서 근적외선 파장까지 관측을 수행했던 것과 달리 JWST는 주로 27마이크론보다 짧은 적외선에서 관측을 수행한다. 즉, 광학도 일부 포함되어 있지만 주 파장대가 근적외선인 셈이다.

JWST가 내세우는 과학적 목표도 앞의 거대 지상망원경과 크게 다르지 않아 우주에서 최초로 빛을 낸 별이나 은하를 찾고, 은하가 어떻게 형성되고 진화해 오는지 등을 규명하려 한다. 물론, 행성계의 생성에 대한 연구도 빼놓을 수 없다. 그러나 JWST가 무엇보다 관심을 기울이는 것은 외계 생명체의 탐사인데 이는 JWST가 고도의 각 분해능과 분광 능력을 갖추고 있기에 가능한 일이다.

JWST의 주 관측 파장이 근적외선인 반면 일본이 추진하고 있는 SPICA는 중적외선에서 원적외선까지 관측이 가능하여 JWST를 보완할 수 있는 차세대 적외선 우주망원경이다. 관측 파장 영역은 지금 우주 상공에서 맹활약을 하고 있는 NASA의 적외선 망원경인 스피처 우주망원경과 큰 차이가 없지만 구경이 스피처보다 4.5배 정도 큰 3.5m다. SPICA는 일본의 야심적인 차세대 적외선 우주망원경 계획으로 우리나라도 이 계획에 참가하기 위해 노력하고 있다. 우리나라는 현재 관측을 성공적으로 수행하고 있는 일본의 적외선 우주망원경인 Astro-F에 참여하고 있는데, SPICA에도 참여할 수 있으면 우리나라의 우주 과학 발전에 크게 기여할 수 있을 것이다.

20세기에 들어와 천문학 분야에서 미국이 유럽을 앞지를 수 있었던 것은 무엇보다도 세계 최고 성능의 망원경을 먼저 만들어 사용하였기

우주 시대를 열어가는
천문학의 무한도전!

때문이다. 이제는 이 경쟁이 우주에서도 일어나고 있다. 우리나라도 우주 시대의 낙오자가 되지 않기 위해서는 거대 망원경과 함께 우주 망원경의 건설에 동참해야 할 것이다. 이렇게 하느냐 못하느냐는 다른 누구도 아닌 바로 우리 자신에게 달려 있다.

우리 삶의 터전을 지키는 지구방위대

2008년 새해 벽두부터 우주로부터 손님이 찾아왔다. 이 손님은 1월 29일 지구로부터 약 53만 7000km까지 접근하며 지구를 스쳐 지나갔다. 이 손님의 정체는 바로 소행성이다. 소행성은 길이가 610m, 폭이 150m 정도인 길쭉한 형태를 가졌다. 세간의 관심을 끈 이 소행성과 유사한 천체는 수없이 많으며 이들이 지구에 더욱 근접하는 일도 많을 것이다. 물론 지구와의 직접적인 충돌에 이르는 일은 극히 드물 것으로 추정되나 이러한 예상은 지금까지 우리가 관측한 소행성의 자료에 기초한 것이기 때문에 100% 신뢰할 수 있는 일은 아니다.

현재까지의 연구 결과에 따르면 아직 우리에게 관측되지 않은 미지의 소행성이 더 많이 있고 이들 중 지구에 근접하는 천체도 얼마든지 있을 수 있다. 즉, 수백만 년 전에 있었다고 생각되는 공룡의 갑작스런 멸종을 가져온 소행성의 충돌과 같은 최악의 상황이 언제 어떤 형태로 일어날지 알 수 없다는 것이다. 때문에 미국을 비롯한 선진국에서는 지구 근접천체를 찾기 위한 탐사 작업을 벌이고 있으며, 국제천문연맹에서는 크기가 150m 이상인 천체가 지구로부터 750만km보다 가까이 접근하게 되면 지구위협소행성으로 분류해 궤도를 추적하여 지구와의 충돌 가능성에 대비하고 있다. 우리나라를 포함하여 거의 대부분의 선진국이 지구 근접천체의 관측에 관심을 갖고 전용 망원경의 개발에 힘을 쏟고 있지만 가장 야심적인 계획은 앞에서 소개한 LSST 계획이다.

2003년에 시작된 LSST가 사업의 초기에는 예산 확보로 어려움을 겪었으나 미국 과학재단과 에너지성이 지원을 약속하면서 사업이 본격적으로 추진될

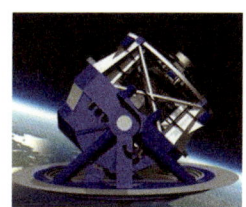

넓은 시야를 가지는 구경 8.4m의 LSST의 모습이다. 3일에 한 번씩 전 하늘의 사진을 찍는다.

수 있었다. 또한 2005년에는 미국 과학재단으로부터 디자인 개발을 위한 연구비를 받으면서 사업에 박차를 가하고 있다. 여전히 재원의 부족을 겪고 있지만 지금은 이미 천문학에 막대한 투자를 한 켁재단뿐 아니라, 구글과 같은 포털 사이트도 이 프로젝트에 참여하고 있고, 2008년 1월에는 찰스 시모니와 빌게이츠가 개인적으로 300억 원을 기부하여 세인의 관심을 끌고 있다. 이미 2007년에는 이 망원경에서 가장 중요한 거울의 제작을 시작하였으며 2014년에 관측을 시작할 계획이다. 물론 LSST가 수행하려는 과학적 과제가 지구 근접천체의 조기 탐색과 같은 일만은 아니다. 현대천문학의 핵심과제인 암흑물질이나 암흑에너지의 정체를 밝히는 것도 중요한 목적 중의 하나다.

산따라 별따라 천문대 여행 – 세계편

천문학의 성지, 마우나케아 천문대

먼저 북반구 천문학의 메카인 하와이의 마우나케아 산으로 가보자. 마우나케아 산의 정상은 화산 분출의 잔재로 분지처럼 생겼다. 이곳에 세계 최초의 10m 망원경인 미국의 켁 망원경이 두 대 있고 미국과 캐나다 등이 중심이 되어 남북반구에 하나씩 건설한 8m의 쌍둥이 망원경인 제미니 망원경, 일본이 건설한 8.3m의 수바루 망원경이 있어 가히 천문학의 성지다운 위용을 자랑한다.

북반구에서 가장 큰 망원경들이 마우나케아 산 정상에 모여 있는 이유는 무엇일까? 고도가 4,200m로 높아 지구 대기의 영향을 적게 받고 상층대기도 안정되어 있어 별의 상이 선명하게 보이기 때문이다. 이곳의 대기가 안정되어 있는 것을 나도 몇 번 경험할 수 있었는데 숙소가 있는 3,000m 고지 아래로는 비가 오더라도 산 위는 맑을 때가 많다. 특히 새벽에 관측을 마치고 산에서 내려올 때면 엷은 구름이 3,000m 아래로 쭉 깔려있다. 이 구름 아래에서는 대류와 같은 공기의 흐름이 생겨 별의 상이 나빠지는 것이 당연하다.

많은 천문대가 자리하고 있는 마우나케아 산정의 천문대들이다. 전면에 있는 천문대가 CFHT이고 그 왼쪽에 조금 열려 있는 돔이 제미니 망원경이다. 저 멀리 2대의 켁 망원경 돔이 보이고 그 왼쪽에 수바루 돔이 보인다.

우주 시대를 열어가는
천문학의 무한도전!

고도가 너무 높으면 고산병으로 사람이 머물기 어렵지만 마우나케아 산정의 높이 정도는 사람이 지내기에 그다지 불편하지 않다. 물론 바로 천문대에 올라오면 누구나 산소 결핍으로 인한 고산병 증세로 두통이 일어나고 어지럽거나 속이 매스꺼워 정상적인 활동을 할 수 없다. 하지만 3,000m에 있는 할레 포하쿠의 숙소에서 하루 이틀 머물며 높이에 적응하면 쉽게 고산병을 극복하고 관측을 할 수 있다.

마우나케아 산정에 있는 유수의 망원경 중에서 그 크기는 다른 망원경의 절반에도 미치지 못하지만 그 명성이 조금도 뒤처지지 않는 망원경이 하나 있다. 바로 캐나다와 프랑스 그리고 하와이가 공동으로 제작하고 운영하는 CFHT(Canada France Hawaii Telescope)란 이름의 망원경이다. 망원경의 구경은 3.6m로 현재의 기준으로는 그다지 크다고는 할 수 없다. 그

CHFT에서 찍은 성운의 모습이다. 구경은 3.6m에 불과하지만 세계 최고 수준의 영상을 얻고 있다.

러나 1977년에 건설된 이 망원경은 마우나케아 산정에서도 가장 시상이 좋은 위치에 자리 잡고 있고, 항상 최첨단의 관측 장비를 개발하여 사용하기 때문에 여전히 8m급 망원경과 당당하게 경쟁하고 있다.

CFHT가 한 일은 많다. 지상의 망원경으로는 처음으로 안드로메다은하보다 훨씬 더 멀리 있는 은하에서 별을 분리하여 이 은하의 거리를 구할 수 있었다. 또한 탁월한 광학계의 성능을 이용하여 은하단이 일으키는 중력렌즈 현상을 관측하기도 하였다. 중력렌즈 현상은 후에 허블 우주망원경으로 많이 관측하였지만 4m급의 지상망원경으로 그 당시로는 어려운 관측을 수행한 것이다.

마우나케아 산 정상에 있는 망원경들은 하나같이 세계 최첨단의 최고 망원경이지만 이 중 구경의 크기로는 최대인 망원경이 켁 망원경이다. 켁 망원경은 캘리포니아 공과대학이 중심이 되어 헤일 망원경을 넘어서는 세계 최대의 망원경을 건설하여 최고의 관측 환경을 갖추는 것을 목표로 추진되었다. 그전까지는 어느 누구도 상상하지 못했던 망원경이라 워낙 많은 돈이 들어 어려움을 겪었으나 약 1,400억 원을 기부한 켁재단의 도움으로 두 대의 쌍둥이 망원경이 차질 없이 완성될 수 있었다.

이 망원경 건설과 운영에는 캘리포니아 공과대학 이외에 NASA도 관여하고 있지만 많은 기부금을 낸 켁재단에 감사하는 마음으로 망원경의 이름을 기부자의 이름을 따 켁 망원경으로 하게 된 것이다. 우리나라에도 부자는 많이 있는데 이렇게 기초 과학에 거액을 기부하는 재단이나 개인이 아직 없으니 참 부러운 기부 문화다.

켁 망원경은 기존의 단일 거울로 주경을 만드는 방법을 탈피하여 육각형의 조각 거울을 붙여 만들었다. 따라서 거울을 만드는 데 상대적으로 적은 예산이 드나 광학계의 성능은 단일 거울의 망원경에 미치지 못한다. 그러나 지금까지 관측된 가장 멀리 있는 은하나 퀘이사의 스펙트럼은 모두 이 켁 망원경

우주 시대를 열어가는
천문학의 무한도전!

으로 관측한 것이다. 켁 망원경에서 사용하는 분광기는 몇 년 전에 타계한 오크 교수가 설계하고, 제작한 것이다.

수바루 망원경도 건설 배경이 이채롭다. 원래는 일본의 국립 천문대가 국가의 예산으로 단일 거울을 사용하는 세계 최대의 망원경을 만들려 하였으나 예산 부족으로 어려움을 겪다가 수바루 재단의 기부금으로 망원경을 완성할 수 있었다. 그러니 망원경의 이름이 수바루가 된 것은 너무도 당연한 일이다.

켁 망원경이나 수바루 망원경처럼 기부 문화는 선진국 문화의 한 단면이다. 우리나라도 선진국이 되기 위해서는 천문학과 같은 순수 과학의 발전을 위해 쾌척하는 기부금 문화가 뿌리내려야 하리라.

카나리 군도에 있는 라팔마 섬의 천문대. 유럽 여러 나라가 설치한 망원경이 있다.

마우나케아 산에는 광학망원경만 있는 것은 아니다. 서브밀리미터 영역의 전파 관측도 지구 대기의 영향을 많이 받기 때문에 가능하면 높은 곳에서 관측을 해야 한다. 이런 목적으로 세워진 것이 캘리포니아 공과대학의 서브밀리미터 망원경과 제임스 클럭 맥스웰 망원경이다. 이 망원경들은 우리은하계나 가까운 외부 은하에 있는 성간구름을 관측하여 성간구름의 화학 조성이나 물리적 특성을 연구하는 데 사용된다.

다양한 망원경의 향연, 라팔마

북반구에는 마우나케아 산 이외에도 별을 1초보다 작게 볼 수 있는 지역들이 몇 군데 더 있다. 이 중 카나리아 군도의 라팔마 섬에는 스페인을 포함하여

유럽의 여러 나라들이 설치한 다양한 크기의 망원경이 있어 하와이와 함께
천문학 연구의 주요 구심점이 되고 있다.

카나리아 군도는 아프리카 북서부에서 수백 km 떨어진 대서양에 있는 섬들
로 스페인령이다. 유럽의 겨울철에도 이곳은 기후가 좋아 유럽인이 겨울 휴
양지로 가장 선호하는 곳 중 하나이다. 이 섬도 화산이 폭발한 잔재가 그대로
남아 있어 독특한 자연경관을 자랑하며 사철이 푸르러 관광객이 많이 찾는다.

라팔마 섬에는 영국이 건설한 구경 4m의 윌리엄 허셜 망원경이 있는 천문대
를 비롯하여, 이탈리아가 제작한 첨단의 광학기술을 적용한 3.6m 갈릴레오
망원경, 스칸디나비아 3국과 덴마크가 공동으로 건설한 구경 2.5m의 최첨단
반사경을 가진 노르딕 천문대가 있다. 또한 스페인이 독자적으로 건설한 구
경 10.4m의 카나리 대형망원경(GTC)이 세계 최대의 구경을 자랑하고 있다.

2007년 7월 GTC는 전체 36개의 조각 거울 중 12개만을 장착한 채 최초의
빛을 담았고 곧 완공을 앞두고 있다. GTC는 조각 거울을 사용하지만 개개의
조각 거울에 능동 광학기술을 적용하여 최고
의 광학 성능을 구사할 계획이다. GTC를 보
면 한때 세계를 지배했던 해양 강국인 스페
인이 이제 우주 탐험을 위한 본격적인 채
비를 하며 재도약의 꿈을 다지고 있음을
느끼게 된다. 우리는 언제쯤 진정한 우주
강국이 될 수 있을까.

우주 시대를 열어가는
천문학의 무한도전!

다양한 천문대 부지

북반구의 대륙 지방에 있는 천문대 중 하와이나 카나리아 군도에 있는 천문대의 시상과 비견되는 곳으로는 중앙아시아 파미르 고원에 접한 우즈베키스탄의 마이다낙 천문대와 멕시코에 있는 성 베드로 산의 천문대 등이 있다. 중국에서도 기존 천문대의 시상이 나빠 시상이 좋은 곳을 찾고 있는데 중국 운남성 서쪽의 티베트 접경 지역인 리지앙 부근에 있는 가오메이구 지역은 하와이 등과 비견되는 최고의 시상을 가진다고 알려져 있다.

10년 전 쿤밍에서 열린 동아시아 천문학회에 갔을 때 이 지역을 둘러볼 수 있었는데 3,000m 정도의 고원지대로 주변이 탁 트였고 광해도 적었으며 시상이 아주 좋아 보였다. 마침 도착한 시간이 황혼 무렵이라 막 떠오르는 별들과 함께 은하수를 선명하게 볼 수 있었다. 무엇보다 인상적인 것은 붉은 혓바닥 모양으로 모습을 드러낸 황도광이었다. 지금 중국에서는 이곳에 2.4m 반사망원경을 건설하여 외계 행성 탐사와 같은 관측을 하고 있다.

리지앙 지역은 풍광이 수려하여 중국에서도 관광객이 많이 찾는 곳이다. 인근에 옥룡설산이라는 명산이 있고, 주변에 소수 민족도 많이 있어 자연경관과 함께 다양한 문화를 접할 수 있는 곳이다. 난 우리나라가 독자적으로 4m 이상의 망원경을 건설한다면 이 일대가 적지라고 생각한다. 시상과 청천일수에서 부족함이 없고 리지앙까지 비행기가 있으니 교통도 크게 불편하지 않다.

우즈베키스탄에 있는 마이다낙 천문대는 구소련이 시상이 좋은 파미르 고원 자락에 각지에 흩어져 있는 천문대들을 모아 운영하려는 계획으로 만든 천문대 부지다. 그러나 그 계획이 완성되기 전에 소련이 붕괴하여 여러 나라로 갈라지는 바람에 계획대로 이루어지지는 않았으나 1.5m 망원경을 비롯하여 몇 대의 작은 망원경을 갖춘 돔들이 적당히 흩어져 있다. 이곳은 몽고에게 멸망하기 전까지 최고의 이슬람 문화를 꽃피웠던 실크로드에 자리한 사마르칸트에서 차로 3시간 정도의 거리에 있다. 시상과 청천일수 등이 우수하여 유럽의 천문학자들도 관심을 보이고 있다. 다만 아직까지 인프라가 많이 부족하고 정치 상황이 안정되어 있지 않은 점이 흠이다. 몇 년 전 천문대의 입지 조건도 살펴보고 가능하면 관측도 할 겸해서 방문한 적이 있었다. 그때에는 우즈베키스탄의 수도인 타슈켄트에서 차로 이동하였는데 도로 상태 등이 그다지 좋지 않고, 질서도 어수선해 보였다.

마이다낙도 좋은 천문대 부지가 없는 우리나라에게는 관심이 가는 곳이다. 우선 접근성이 중국 다음으로 좋고, 도로나 전기 등 최소한의 인프라가 이미 있기 때문에 천문대 건설비용이 적게 드는 장점이 있다. 때문에 서울대학교는 마이다낙 천문대와 협약을 맺어 CCD 등 관측기기 등을 지원하고 마이다낙 천문대의 시설을 이용하고 있으며, 다른 대학에 있는 천문학자들과 공동으로 마이다낙 천문대에 대학연합 천문대를 건설하는 방안을 모색하고 있다.

멕시코에 있는 성 베드로 산에 위치한 천문대 부지들은 어쩌면 서구인들에게는 마지막 남은 북반구의 천문대 부지일지 모른다. 물론 마이다낙 천문대 일대가 좋은 위치이긴 하지만 이곳은 상대적으로 협소하고 여전히 정치적 불안이 우려되기 때문이다. 이에 비해 멕시코는 미국이나 유럽에서 접근성이 나쁘지 않고 멕시코 정부가 상당히 넓은 영역을 천문

학을 위한 보호 지역으로 지정해 두어 많은 천문대가 들어설 수 있는 공간이 충분하다. 우리나라도 몇 년 전에 멕시코와 공동으로 두 대의 6.5m 망원경을 설치하여 천문학 연구의 인프라를 갖추려 했으나 정부가 최종 단계에서 허가를 하지 않아 무산된 적이 있다.

내가 이렇게 북반구 천문대의 서설보다는 천문대가 들어설 수 있는 부지에 관심을 많이 표명하는 데에는 이유가 있다. 국내 천문학자의 절대 다수가 관측을 통한 연구를 하며 이중 대다수가 광학천문학자다. 그럼에도 국내의 망원경 사정은 열악하기 짝이 없다. 국내에서 가장 큰 보현산의 1.8m 망원경도 서구에서는 이미 90년 전에 만들어 사용하는 것이니 망원경 구경만 비교하면 서구에 비해 80년 정도 뒤져있는 셈이다. 우리와 경제력이 비슷한 스페인도 이미 10.4m 망원경을 건설하여 천문학 선진국의 대열에 합류하였고, 우리나라보다 그다지 상황이 좋을 것 같지 않은 남아프리카 공화국도 지금 10m 망원경을 건설하고 있다.

우리가 21세기의 우주 경쟁에서 살아남아 선진국 대열에 들어서기 위해서는 천문학 발전이 필수적이고 이를 위해서는 국력에 어울리는 망원경을 갖추는 것이 선결 과제다. 이러한 인식을 바탕으로 10여 년 전부터 국내의 광학천문학자들이 자발적으로 모여 우리나라가 건설해야 할 대형망원경에 대한 논의를 계속해 왔다. 나도 물론 이 논의에 참가하였으며 내 마음속에는 항상 우리나라의 망원경을 세울 천문대 부지에 대한 생각이 떠나지 않았기에 기회가 올 때마다 외국의 천문대 후보지를 다녀오게 된 것이다.

덕분에 난 북반구의 좋은 위치는 거의 대부분 가보게 되었고 여행도 많이 하게 되었다. 원래 관측천문학자라 관측을 위해 천문대를 찾는 일이 잦았지만

가오메이구 천문대 부지에서 관측한 황도광과 혜성

대형망원경 건설의 추진으로 더욱 많은 곳을 다녀오게 된 것이다. 나에게 다행스러운 일은 이들 장소가 하나같이 빼어난 경치를 자랑하는 곳에 있어 오가는 여정에서도 마음껏 여행의 즐거움을 누릴 수 있었다는 점이다. 관측 여행은 우주로의 여행이기도 하지만 미지의 세계로의 여행이기도 하니 여행을 좋아하는 사람에게 천문학자는 정말 좋은 직업이다.

남반구에 있는 천문대들

남반구에는 호주와 남미, 아프리카 등에 천문대가 있으나 이 중 시상이 좋아 유럽의 많은 나라들과 미국이 천문대를 세워 남반구 천문학의 메카 구실을 하는 곳은 칠레의 라실라(la Silla), 체로톨롤로(Cerro Tololo), 파라날(Paranal) 등이다. 이 중 라실라는 1960년대에 유럽의 여러 나라와 유럽 남천문대가 0.4m부터 3.6m에 이르는 다양한 망원경을 두기 시작하면서 남반구 천문대의 중심 역할을 하기 시작하였다.

파라날 천문대는 칠레 북부 아타카마 사막에 있다. 파라날 천문대는 라실라

우주 시대를 열어가는
천문학의 무한도전!

의 시상이 하와이 등 북반구 최고의 천문대에 미치지 못하자 새로 찾은 천문
대 부지다.

유럽 남천문대는 이곳에 4개의 8.2m 망원경으로 구성된 VLT(Very Large
Telescope)를 세워 유럽 천문학 발전의 견인차 노릇을 하고 있다. VLT는 망
원경의 구경도 최상급이지만 광학계의 성능이나 관측 장비도 유럽의 모든 기
술력을 동원하여 만든 것으로 천문학 발전을 선도하고 있다.

VLT는 4개의 8.2m 망원경들이 개별로도 관측을 하지만 4개를 모두 사용하
여 간섭계로 작동할 경우 분해능을 증가
시켜 천체의 자세한 구조를 분석하는 데
사용된다. 최근에는 주변에 각각 구경
1.8m인 네 대의 보조 망원경을 두어 간
섭 관측의 효율성을 높였다. 특히 VLT
에 부착된 능동 광학 기능은 별빛이 대
기의 요동에 따라 퍼지는 것을 보정하여
근적외선에서는 허블 우주망원경의 분
해능보다 더 좋은 해상력을 가진다.

남아프리카에서도 최근 10m 망원경을

유럽 남천문대의 VLT이다. 4개의 8m
망원경으로 구성되어 있는데 망원경을
1대씩 개별로 사용할 수도 있고 4개를
한꺼번에 사용하여 같은 천체를 관측
할 수도 있다.

건설하고 있는데 남아프리카의 경제력을 생각하면 참 부러운 현상이다. 천문
학자의 수나 국가의 재정 등을 고려할 때 우리나라보다 나을 것이 없는 남아
프리카에서도 기초 과학인 천문학에 그야말로 천문학적인 규모의 예산을 들
여 우주의 신비를 규명하는 작업에 동참하고 있는데 우리나라는 국민소득 2
만 달러를 달성하고서도 여전히 직접적으로 경제적 가치가 있는 일에만 투자

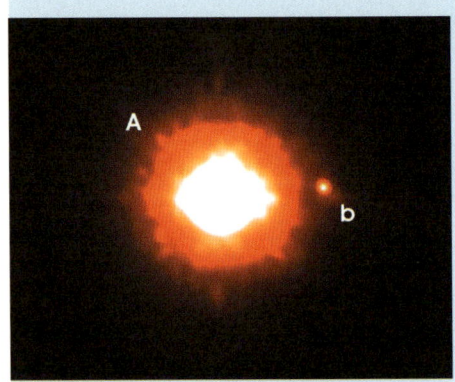

1999년 VLT로 관측한 외계 행성 GQ Lup b. 세계 최고 수준의 망원경만이 할 수 있는 관측이다. 그림에서 A는 GQ Lup이라는 별이고 행성은 b로 표시되어 있다. 별과 행성이 분리되어 보이지 않는가. 별은 지구로부터 400광년 떨어져 있고 별과 행성 사이의 거리는 지구와 태양사이의 거리보다 100배 정도 멀다.

를 권장하고 있으니 이래서는 문화 선진국이 되기는 요원하다. 그러나 늘어나는 국민적 요구를 생각할 때 우리나라에서도 조만간 천문학에 제대로 투자해서 국력에 어울리는 망원경을 건설하게 될 것이다.

남반구에 있는 대표적인 선진국인 호주에는 영국이 호주에 설치한 구경 1.5m의 UK 슈미트 카메라와 호주와 영국이 공동으로 건설한 구경 2.5m 반사망원경인 AAT (Anglo-Austrailian Telescope) 그리고 1m 반사망원경 등이 있다. 2.5m 반사망원경인 AAT는 주로 천체의 스펙트럼을 얻는 관측에 사용되고, 1m 망원경은 천체의 밝기와 영상을 관측하는 데 사용된다. 최근 AAT는 한꺼번에 392개 천체의 스펙트럼을 얻을 수 있는 분광기를 개발하여 우주의 구조 연구에 무척 의미 있는 관측을 수행하였다. 관측 시야가 2도가 되는 분광기를 이용하여 은하의 적색이동 탐사를 수행한 것인데 현재까지 이루어진 은하의 분광 관측 중 가장 깊이 있는 관측이다. 이것은 구경이 작은 망원

우주 시대를 열어가는
천문학의 무한도전!

경이지만 창의적인 아이디어로 관측을 디자인하고 그에 필요한 기기를 개발하면 최첨단의 일을 할 수 있음을 보여준 쾌거라 하겠다. 이는 호주가 그동안 영국과 손잡고 많은 투자를 하며 인력을 기른 결과라고 할 수 있다.

사이딩 스프링 관측소는 하늘이 캄캄한 것으로 유명하다. 내가 이곳에 관측을 갔을 때의 일이다. 은하 관측이 목적이었기 때문에 그믐 전후에 관측을 배정받았다. 여름이었는데 날씨가 나빠 원하는 관측은 제대로 하지 못했지만 칠흑 같은 밤이 어떤 것이지를 경험할 수 있었다. 날씨가 나빠 관측을 못하고 망원경 돔에서 대기하다 결국 한밤중에 숙소로 돌아오게 되었다. 구름이 별빛마저 가리고 나니 손전등을 켜지 않으면 1m 앞이 보이지 않아 발밑도 보이지 않았다. 우리나라는 국토가 좁아 이제 어디를 가도 이런 절대적인 어두움은 찾을 수 없다. 대자연의 또 다른 신비를 잃어버린 것이다.

이때 일주일을 머물렀지만 결국 첫날 몇 시간만 관측을 할 수 있었고 그 후는 계속 비가 와서 돔도 열지 못하고 밤을 지새워야 했다. 이런 일은 관측천문학자에게는 흔한 일이고 우리는 다음 기회를 기다릴 뿐이다. 기다리지 않는 사람에게 어찌 우주가 그 신비의 한 자락을 보여주겠는가.

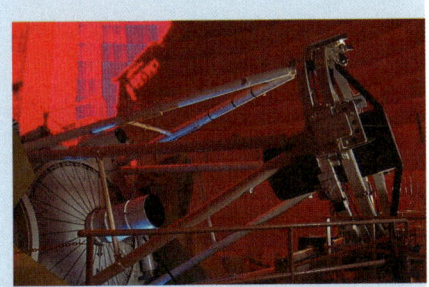

호주 국립천문대 AAT의 내부 모습이다. AAT는 구경이 2.5m밖에 되지 않으나 최고의 장비로 우주론 분야에 큰 기여를 하고 있다.

안 교수님의
학문 이야기

천문학은 내 운명

천문학자로서 난 참으로 행복한 삶을 살고 있다. 내 삶 자체에는 적지 않은 굴곡이 있었고 정말 견디기 힘든 일들도 있었지만 천문학자로서의 삶은 순탄하기 그지없었다. 성경에 '마음이 가난한 자는 복이 있다' 는 구절이 있다. 난 이 구절을 단순하게 한마음으로 하느님을 섬기는 자는 복이 있다는 의미로 해석한다. 아마 내가 아무런 어려움 없이 천문학자로서 오늘에 이를 수 있었던 것은 내가 정말 마음이 가난했기 때문일 것이다.

믿기 어려울 정도로 난 한 번도 어떻게 먹고 살지를 걱정해 본 적이 없다. 이 말을 들으면 내가 대단히 부유한 집에 태어나서 돈 걱정은 하지 않아도 되었기 때문이라고 생각할지 모르겠다. 그러나 결코 그렇지 않다. 대학 4년을 객지에서 스스로 학비와 생활비를 벌어 공부를 해야 했으니 가난은 충분히 경험하였다. 사실 참 궁핍한 생활이었다. 먹는 것도 어려웠고 잠자리를 구하는 것도 쉽지 않았다. 그러나 한 번도 힘

안 교수님의
학문 이야기

들다고 생각한 적은 없었고 천문학을 선택한 것을 후회한 적도 없었다. 그렇게 경제적으로 쪼들리면서도 문리대 산악회에 가입하여 일요일이면 북한산이나 도봉산에 가서 암벽등반을 하였고, 방학이면 능선 종주 등반 등을 하며 거의 산에 미치다시피 하며 대학 생활을 보냈다. 어쩌면 이렇게 산에 다니며 좋은 친구들과 우정을 나누지 않았다면 대학 생활을 제대로 마치지 못했을지도 모를 일이다. 결국 꿈같이 4년을 보내고 졸업을 할 때 대학원에 진학한다는 생각 외에는 아무런 생각도 하지 않았다. 그러나 대학원에 바로 진학하지 못하고 군대에 먼저 가야 했고, 덕분에 군에서 보낸 3년 동안 대학 다닐 때 제대로 공부하지 못한 공부도 하며 더욱 알차게 보낼 수 있었다.

군대 생활이 편해서 공부를 할 수 있었던 것은 아니다. 후방이라고 하나 전투 준비 사단이라 거의 매일 교육이나 훈련이 있었고, 훈련이 없는 날에는 각종 노역이 기다리고 있었다. 그런 환경에서 내가 책을 볼 수 있었던 것은 근무 교대도 하지 않은 채 전화 교환 업무를 밤새도록 보았기 때문이었다. 낮에는 서로 주고받는 통신이 많아 교환기 앞에서 감히 딴 짓을 할 수 없었지만 밤에는 통화량이 적어 나에게는 책을 볼 수 있는 좋은 기회였다.

제대하자마자 한 달도 채 되지 않아 대학원 시험이 있었는데 군에서 공부를 할 수 있었던 덕분에 좋은 성적으로 합격하였다. 마침 그때 교수 요원이란 제도가 생겨 전액 장학금과 월 5만 원씩의 학비 보조라는 혜택을 받을 수 있어 학부 시절보다는 훨씬 여유 있게 공부할 수 있었다. 물론 이때도 집안 사정은 나아지지 않아 아르바이트는 피할 수 없는 일이었지만 과도하게 하지 않아도 되어 공부에 몰두할 수 있었다.

제대 후 대학원에 다닐 때 난 많은 것이 어려웠다. 부담은 줄었지만 여전히 생활비를 벌어야 했다. 무엇보다 힘든 것은 기초가 부족한 채 대학원에 진학한 것이었다. 가장 힘들었던 것은 컴퓨터였다. 내가 군에 갈 때까지는 컴퓨터란 것이 도입되지 않아서 수치 해석은 물론이고 포트란 언어도 들어본 적이 없었는데 천문학과답게 모든 계산을 컴퓨터를 이용해야만 했으니 정말 힘겹게 공부한 것이다.

그러나 시간이 약이라고, 1학기가 끝날 때에는 프로그래밍에도 어느 정도 익숙해져 있었고, 2학기부터 소백산 천문대를 방문하여 직접 천체를 관측하며 연구에 들어가니 더욱 천문학에 몰입할 수 있었다. 그 당시만 하더라도 국내에서 천체 측광을 제대로 해본 적이 없어서 많이 서툴렀지만 모든 것을 책의 도움을 받아가며 하나하나 익혀 나갔다. 매달 소백산 천문대를 20kg이 넘는 관측 장비를 지고 오르내렸는데 이때 같이 관측을 다닌 동료들이 지금 서울대학교에 있는 이형목 교수와 경북대학교의 윤태석

교수다.

윤태석 교수가 별을 관측하고, 이형목 교수는 달이 별을 가리는 현상을 관측하기로 해 난 은하를 관측하기로 하였다. 은하의 관측은 미국 등 선진국에서는 관측의 주 대상이 되었으나 국내에서는 어떤 형태로든 시도할 엄두가 나지 않는 힘든 관측이었다. 그 당시 관측 장비로 할 수 있는 것은 가장 가까이 있는 밝은 은하에 국한되었다. 난 3개의 나선은하를 택해 은하의 위치에 따른 밝기의 변화를 관측하였다. 내가 안드로메다은하를 관측한 기록물인 스트립 차트를 관측을 함께 온 이형목 교수가 먼저 학교에 가서 현정준 선생님께 보여드리니 드디어 우리나라에서도 은하의 관측이 이루어졌다며 몹시 기뻐하셨단다. 사실 거의 무에서 시작하여 결과를 얻기에 이른 것이니 우리들의 성취감도 남달랐다.

천문학에 열정을 심어준 나의 은사님들

대학원 시절을 돌이켜보면 은사님들의 천문학 사랑에 머리가 절로 숙여진다. 그 당시 천문학과에는 현정준 교수님, 윤홍식 교수님, 홍승수 교수님이 계셨고 지구과학교육과에 유경로 교수님이 계셨다. 이 중 어느 분도 관측을 전공하신 분이 없었음에도 불구하고 AID 차관으로 광전 측광 장비 일체를 구입하시고 인디애나 대학에 계시던 버케드 박사를 1년간 모셔와 천문학과에 최신 광전 측광 장비를 구축하셨다. 모든 교수님들이 관측은 접해보지도 못하신 이론천문학자셨지만 관측의 중요성을 생각하셔서 힘들여 설비를 갖추어 후진을 기르려고 하신 것이다. 정말 고개가 저절로 숙여지는 은사님들이다.

그러나 무엇보다 잊을 수 없는 일은 홍 교수님의 열정이다. 홍승수 교수님은 성간 티끌 전문가로서 전형적인 이론천문학자이시다. 내가 대학원에 다닐 때 겪은 일화로 서울대의 교정을 함께 걷다가 서쪽 하늘에 있는 금성을 보시고 저것이 무엇이냐고 물으실 정도로 철저하게

관측과는 떨어져 지내셨던 분이시다. 그런 분이 한 번씩 우리와 함께 소백산을 오르셨고 관측기기에 문제가 생기면 머리를 맞대고 문제를 해결하기 위해 노력하셨다. 보통 사람이면 엄두도 못 낼 일이고, 어지간한 열정으로는 할 수 없는 일이었다.

내가 천문학자가 된 것은 어쩌면 운명일지도 모른다. 홍승수 교수님은 나와 같이 소백산 관측을 가시면서 나보고 '자네는 타고난 관측천문학자'란 말씀을 하신 적이 있다. 교수님은 어떤 의미로 그렇게 말씀하셨는지 가늠할 수 없으나 돌이켜 생각해 보면 대학원 시절의 나는 관측이 그렇게 좋을 수 없었다. 이러하니 교수님 눈에 나의 그런 모습이 그렇게 비춰졌으리라. 많은 사람들이 별을 보는 것은 좋아하나 무거운 짐을 들고 산을 올라야 하고 노천에서 밤을 지새우는 일이 힘들어 관측을 잘 하지 않았는데 난 대학 시절 산악회 활동을 하며 체력을 길렀기 때문에 산을 오르는 일이나 추위에 떨면서 밤을 새우는 일 등이 그다지 힘들지 않았다. 대학 시절 그렇게 산에 빠져 '문리대 산악과'를 졸업했다는 말을 들을 정도였는데 그 경력이 이렇게 빛을 발할 줄이야 어떻게 알았겠는가.

서울대학교 천문학과가 관측천문학자를 제대로 기르기 시작한 것은 경북대학교에 계시던 관측천문학자이신 이시우 교수님이 서울대학교로 옮겨 오시고 나서부터다. 이시우 교수님이 서울대로 오실 때 난 이미 석사를 마칠 무렵이었으나 졸업 후 1년 후에 다시 박사 과정에 들어가 교수님께 관측천문학을 제대로 배울 수 있었다. 부산대에서 1년간의 의무 복무 기간을 끝낸 후 유학을 가려했지만 부산대에서는 내가 계속 학교에 남아 있기를 원해 유학을 포기하고 서울대의 박사 과정에 들어오게 된 것도 나의 운명일 것이다. 덕분에 난 탁월한 관측천문학자이신 이 교수님을 만날 수 있었고, 교수님께 많은 것을 배웠다.

안 교수님의
학문 이야기

준비 없이
이루어지는 것은 없다

부산에 처음 내려간 1981년도에는 부산에 아무런 연고도 없어 강의가 끝나면 주말이면 서울대에 가서 공부를 하거나 친구들과 함께 산에 다니며 다소 여유로운 생활을 하였다. 그러나 그 다음해 다시 학위 과정에 들어가니 가르치고 배우느라 정말 눈코 뜰 사이 없이 바빴다. 다른 일에는 거의 시간을 낼 수 없어 그렇게 좋아하는 산에도 가지 못하고 연구실이나 실험실에서 날밤을 새는 일이 많았다. 1984년 겨울부터는 방학을 이용하여 동경대의 키소 천문대를 방문하여 은하의 표면측광 연구를 수행하였고 1988년 2월에는 드디어 학위를 받게 되었다.

1992년에는 안식년을 받아 캐나다의 도미니언 천문대를 방문하여 1년여 동안 머물면서 관측을 통한 우주론에 접할 수 있게 되었다. 많은 사람들을 만났고 천문학에 새로운 눈을 뜨게 되었다. 더구나 은하천문학의 세계적인 거장인 시드니 반덴버그 교수가 그곳에 있었고, 분광 관

측의 대가인 비블리 오크 교수도 캘리포니아 공과대학에서 은퇴한 후 그곳에 있었기 때문에 많은 얘기를 나눌 수 있었다.

내가 도미니언 천문대에 가서 무엇보다 배우고 싶었던 것은 CCD를 이용한 관측이었다. 이미 80년대부터 CCD가 천체 관측에 도입되었으나 국내에는 아직 그렇지 못했다. 때문에 측광과 분광 관측을 배우고 이 관측 자료를 환산하는 방법을 익혀야 했는데 나에게는 워낙 생소한 것이라 공부할 것이 너무 많았다. 국내에서는 CCD를 본 적도 없었는데 이를 이용한 관측 계획을 세우는 것도 쉽지 않았고, 자료 처리 역시 처음에는 거의 블랙박스를 들여다보는 기분이었다. 그러나 두세 달이 지나니 CCD 관측뿐 아니라 자료 처리도 할 수 있었다.

도미니언 천문대에서 경험한 일 중 가장 극적인 것은 뭐니 뭐니 해도 초신성 1993J를 관측한 일이다. 1993년 3월 전에 귀국을 해야 했지만 망원경 시간이 3월 말에 5일 정도 배정되어 있어 학교에 휴직계를 내고 관측을 준비하였다. 이렇게 해서 초신성 1993J가 폭발했을 때 박사 후 연구원으로 있던 피터 가나비치 박사와 함께 관측하여 누구보다 먼저 그 정체를 밝힐 수 있었다. 밤새 관측을 하고 아침에 사무실에 나가니 만나는 사람마다 축하인사를 하고 악수를 청했다. 우리가 최초로 이 초신성의 정체를 밝힌 것이 이미 전자우편을 통해 전 세계에 알

안 교수님의
학문 이야기

려진 것이었다. 국내에도 이 사실이 알려져 한동안 언론의 조명을 받았다.

정말 사람의 일이란 모르는 법이다. 만일 내가 그날 분광 관측을 할 계획이 아니었다면 장비를 준비하는 시간에 우리보다 불과 1시간 정도 뒤에 스펙트럼을 얻은 릭 천문대의 필리팽코 그룹에게 그 영예가 돌아갔을 것이다. 귀국 후 윤홍식 교수님을 뵙고 운이 좋아 초신성을 관측할 수 있었다고 말씀드리자 교수님께서는 운은 아무에게나 오는 것이 아니며 준비한 사람에게만 온다고 하시며 한 번 더 치하하셨다. 그래, 운도 준비한 사람의 몫인가 보다.

자신이 닮고 싶은 것에 꿈을 던져라

새로운 것으로 잔뜩 충전하여 귀국했으나 여전히 망원경은 건설 중이라 앞으로 몇 년은 더 기다려야 본격적인 연구가 가능하였다. 망원경이 완성될 동안 손을 놓고 기다릴 수 없어 수치 모형 계산을 해보기로 하였다. 마침 그때 같은 과에 있었던 이형목 교수가 호주의 모나한 교수로부터 수치 계산을 할 수 있는 코드를 가져와 수단이 생겼다. 코드를 들여다보는 것도 많은 전문성을 요하는 일인데 마침 초빙 학자로 와 있던 강혜성 교수의 도움을 받아 코드를 익히고 오랫동안 관심이 많았던 막대은하의 영년진화 문제에 도전해 보기로 한 것이다. 이렇게 시작한 일은 10년 정도 계속되어 몇 편의 논문을 쓰는 것으로 마무리하고 난 다시 관측천문학자의 자리로 돌아왔다.

1998년 보현산 천문대가 정상적으로 운영이 되자 국내의 광학천문학자들이 모여 보현산 천문대의 장기 관측 과제를 만들게 되었다. 이때 '북반구 산개성단의 탐사와 시계열 관측'으로 과제가 정해졌고 내가

안 교수님의
학문 이야기

책임연구자가 되었다. 아마 내가 제일 연장자라 그렇게 된 것일 게다. 공동연구자는 서울대의 이명균 교수와 그 당시 박사 후 연구원이었던 세종대의 성환경 교수 그리고 보현산 천문대의 건설 주역이었던 천문연구원 광학부의 천무영, 박병곤, 전영범, 육인수, 김승리 박사들이었다.

나는 최근 위성은하계에 관심을 갖고 관측도 하고 다른 사람들이 관측한 자료도 분석하고 있다. 이러한 일을 하게 되니 이제야 내가 관측천문학자란 실감이 난다. 요즈음 주로 하는 일은 은하의 모습을 보는 것이다. 난 이렇게 은하를 보고 있을 때가 행복하다. 새로운 연구 주제도 떠오를 뿐 아니라 다양한 은하의 세계를 보는 것만으로도 즐겁기

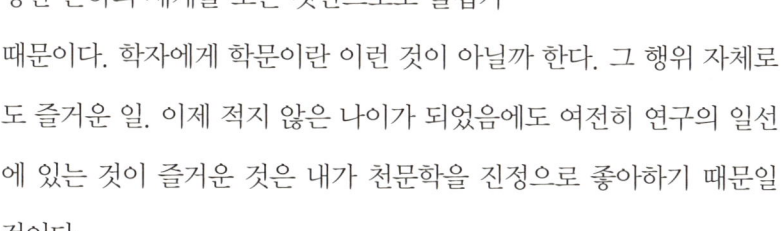

때문이다. 학자에게 학문이란 이런 것이 아닐까 한다. 그 행위 자체로도 즐거운 일. 이제 적지 않은 나이가 되었음에도 여전히 연구의 일선에 있는 것이 즐거운 것은 내가 천문학을 진정으로 좋아하기 때문일 것이다.

난 연구도 즐겁지만 가르치는 것도 이에 못지않게 즐겁다. 1980년대는 부산대의 천문학 강좌를 거의 혼자서 가르치느라 연구는 제대로 할 수 없었지만 그 여건에선 그것이 최선이라 여기고 강의에 열중했다. 다행히 이형목 교수가 1988년 부산대에 부임하여 10년을 함께 있었고, 그 후에는 강혜성 교수와 함께 강의를 하고 있다. 물론 지금도

강의를 하고 있지만 대부분의 학부 전공 강의는 강혜성 교수가 맡고 난 관측천문학만 강의한다. 물론 과학교육학부 학생들을 위해 기초천문학을 강의하고 교양과목으로 태양계와 우주를 강의하고 있으니 학생들을 만나는 기회가 적지는 않다. 여기에 덧붙여 대학원 강의까지 있으니 강의 시간이 너무 많아 힘들긴 하지만 강의를 통해 학생들과 만나는 시간이 즐겁다.

이렇게 30년 가까이 부산대에서 천문학을 가르쳐온 덕분에 지금 부산이나 경남에 있는 과학교사 대부분이 나에게 천문학을 배운 것 같다. 참 보람 있는 일이다. 2002년부터 과학기술 앰배서드로서 시골이나 도서 벽지의 학교를 찾아 우주의 신비를 소개하는 역할도 하고 있는데 이것도 즐거운 일 중의 하나다. 난 아무래도 가르치고 배우는 것을 업으로 타고난 사람인가 보다.

나이가 들면서 좋아하는 일이 몇 가지 더 생겼다. 거의 20년이 다 되어가는 차를 마시는 일과 음악을 듣는 일이다. 차를 마시는 일은 혼자서도 즐기지만 한 번씩은 친구를 찾아가 마신다. 그의 방에서는 좋은 음악이 항상 흐른다. 대학 동기이기도 하지만 철학을 하는 이 친구는 칸트의 후예답게 천문학에도 많은 관심을 보여 한 번씩 우주에 대해 얘기도 하고 음악에 대한 얘기를 하기도 한다. 산을 같이 다닌 지도 벌써 10여 년이 훌쩍 지났다. 학문은 등산과 같다는 말이 있는데 학문도 그렇고 등산도 그렇지만 혼자보다는 같이 하는 것이 좋은 것 같다. 인생은 말해 무엇 하겠는가.

안 교수님의
학문 이야기

내가 최근 은하 연구를 하며 얻은 우주의 비밀 한 가지. 은하의 세계도 유유상종이라는 것이다. 가까이 있으면 서로 닮게 된다. 사랑도 하게 된다. 자, 우리는 평생을 함께 할 일로 무엇을 택해야 할까? 누구를 만나야 할까? 힌트는 이미 주었다. 닮고 싶은 것을 택하자. 그러면 꿈은 반드시 이루어진다. 이것이 은하를 관측하는 천문학자가 최근에 얻은 깨달음이다.

천문학 관련 학과가 있는 대학들

천문학은 학교에 따라 물리 · 천문학, 천문우주학 등의 명칭으로 개설되어 있습니다(자료출처 : 2012년 교육과학기술부 단위별 입학정원).

서울	서울대(물리 · 천문학부), 세종대(천문우주학과), 연세대(천문우주학과)
대구	경북대(천문대기과학과)
대전	충남대(물리 · 천문우주과학부, 천문우주과학과)
충청도	충북대(천문우주학과)

사범대학의 지구 · 과학교육학과에서도 천문학을 배울 수 있습니다(자료출처 : 2012년 교육과학기술부 단위별 입학정원).

서울	서울대, 이화여대
부산	부산대
대구	경북대
광주	전남대, 조선대
강원	강원대
충청도	공주대, 충북대, 한국교원대
전라도	전북대

천문대는 어디에 있을까?

서울 --
서울시립 광진청소년수련관 천문대 서울시 광진구 광장동 318번지 (문의 : 02-2204-3100)

대전 --
대전시민천문대 대전시 유성구 신성동 7-13번지 (문의 : 042-863-8763)

제주도 --
서귀포 천문과학문화관 제주 서귀포시 하원동 산 70번지 탐라대학교 내 위치 (문의 : 064-739-9701~2)
제주도 교육과학연구원 제주 제주시 산록도로 363번지 (문의 : 064-758-9959)

경기도 --
누리천문대 경기도 군포시 갈티마을 1길 107번지 (문의 : 031-501-5407)
송암천문대 경기도 양주시 장흥면 석현리 410-5 송암스타스밸리 (문의 : 031-894-6000)
안성천문대 경기도 안성시 미양면 강덕리 79-14번지 (문의 : 031-677-2245)
양평국제천문대 경기도 양평군 옥천면 용천리 산 29-10 (문의 : 031-775-0822)
자연과별천문대 경기도 가평군 북면 백둔리 122-3 (문의 : 031-581-4001)
중미산천문대 경기도 양평군 옥천면 신복리 117-1 (문의 : 031-771-0306)
코스모피아천문대 경기도 가평군 하면 상판리 86번지 (문의 : 031-585-0482)

강원도 --
별마로천문대 강원도 영월군 영월읍 영흥리 산59번지 봉래산 (문의 : 033-374-7460)
우리별천문대 강원도 횡성군 공근면 상창봉리 264-4 (문의 : 033-345-8471)
천문인마을 강원도 횡성군 강림면 월현리 352-2 (문의 : 033-342-9023)

충청도 --
별세꽃돌 자연탐사과학관 충북 제천시 봉양읍 옥전2리 913번지 (문의 : 043-653-6534)
충주고구려천문과학관 충북 충주시 가금면 하구암리 산 108번지 (문의 : 043-842-3247)

전라도 --
곡성 섬진강 천문대 전남 구례군 구례읍 논곡리 829-2번지 (문의 : 061-363-8528)
장흥 정남진 천문과학관 전남 장흥군 장흥읍 평화리 산7번지 (문의 : 061-860-0651)
하늘별 마을 만행산 천문체험관 전북 남원시 산동면 대상리 597-3 상신마을 (문의 : 063-626-9009)

경상도 --
경북 교육과학연구원 포항분원 경북 포항시 북구 용흥동 418-1번지 (문의 : 054-248-9986)
김해천문대 경남 김해시 어방동 산 2-80번지 (문의 : 055-337-3785)
보현산천문대 경북 영천시 화북면 정각리 산 6-3 (문의 : 054-330-1000)
예천천문과학문화센터 경북 예천군 감천면 덕율리 91번지 (문의 : 054-654-1710)

나의 미래 계획 다이어리

나를 알아보는 단계

미래 계획을 세우기 전에 나를 알아보는 것은 중요하다. 재능 있는 사람도 즐기는 사람을 당할 수 없다고 한다. 내가 가장 좋아하고 잘할 수 있는 일은 무엇일까? 자, 자신이 좋아하는 일들로 지면을 가득 채워보자!

보너스 문제

이것만은 절대 못 하겠다!

다른 건 어떻게 해보겠는데, 정말 하기 싫은 것이 있을 것이다.
눈치 보지 말고, 마음껏 적어보자!

본격적인 계획 단계- 목표 설정

나에 대해 알아보았으니 이제 본격적으로 자신만의 맞춤 계획을 세워보자. 먼저 자신이 무엇을 하고 싶은지 적어보자. 목표가 확실하지 않으면 계획을 진행하기 어렵기 때문에 신중히 생각해야 한다.

부자가 되는 것도 좋지만,
실현 가능한 목표를 세우는 것이 중요해.
그러기 위해서는 좀 더 구체적으로
생각하는 게 좋겠지?

나는 부자가
될 거야!

실행 단계

목표를 정했으니 이제 거침없이 계획을 진행해 보자. 자신이 세운 목표를 이루기 위해서는 어떤 일들을 해야 하는지 적어보자.

나의 목표 - 방학 동안 체중 5kg 감량

계획
저녁은 오후 7시 이전에 먹는다. → 저녁은 안 먹지만 야식은 먹는다.
일주일에 3번 이상 줄넘기를 한다. → 일주일에 3번 이상 줄만 간신히 넘는다.
군것질을 줄인다. → 군것질은 줄었지만 외식이 늘었다.

단, 계획이 잘 실행되고 있는지 수시로 체크하는 것이 중요하다!

10년 후 나의 모습

이렇게 계획을 세우는 것만으로도 마음이 든든하다. 이 든든한 마음을 가지고 10년 후 자신의 모습을 생각해 보자!

파티시에가 되어서 사람들에게 꿈과 희망도 같이 나눠주고 있을 것 같아! 상상만으로 빵 냄새가 솔솔 나는 것 같아.

와~ 그럼, 나 빵 많이 주어야해! 공짜로~

안홍배 교수님은...

현재 부산대학교 지구과학교육과에서 학생들에게 천문학을 가르치고 있다. 전공은 은하천문학으로 은하의 구조와 진화 규명을 위해 다양한 관측과 수치 모형 실험을 수행하고 있다. 《부산일보》에 '우주의 신비', '안홍배 교수의 우주이야기'를 연재하였고, 과학기술 앰배서더로서 초 · 중학교를 방문하여 우주의 신비를 소개하고 있다.

나의 미래 공부 05

MT천문학

초 판 1쇄 펴낸날 2008년 5월 30일
개정판 3쇄 펴낸날 2018년 7월 27일

저자 안홍배
펴낸이 서경석
책임편집 정재은 **디자인** All Design Group **일러스트** 문수민
마케팅 서기원 **제작 · 관리** 서지혜, 이문영
펴낸곳 청어람장서가 **출판등록** 2009년 4월 8일(제 313-2009-68호)
주소 경기도 부천시 부일로483번길 40 (14640)
전화 032)656-4452 **팩스** 032)656-9496
전자우편 juniorbook@naver.com

정가 13,000원
ISBN 978-89-93912-82-1 44440
        978-89-93912-66-1(세트)